1時間でわかる

Excel エクセルVBA

リブロワークス 著

技術評論社

●本書について

「新感覚」のパソコン解説書

本書は「1時間で読める・わかる」をコンセプトに制作された、まったく新しいパソコン解説書です。「1時間で何ができる?」と疑問を感じているかもしれませんが、ビジネスの現場で必要とされるパソコンの操作はそれほど多くはありません。

ビジネスの現場で必要とされる操作に絞ることで、1時間で読んで理解することができるのです。

なお、本書は1時間で理解する範囲として3章(116ページ)までを「必読」のパート、それ以降の4章を「プラスα」のパートとして、分けています。

従来のパソコン書は具体的な操作解説が中心ですが、本書はコツやしくみの解説に重点を置いています。移動時間でもサッと読めるように、縦書きスタイルの読んで・わかる新感覚なパソコン解説書です。

プログラミングの入門に最適なＶＢＡ

小学校での必修化を初め、いま何かと話題のプログラミング。このプログラミングをエクセルで体験できるのが「ＶＢＡ」です。ビジネスマンがプログラミングを学ぶうえで、ＶＢＡは最高の教材です。必要なアプリはエクセルだけ、上達すればどんどん仕事が効率化……どうです、興味が湧いてきませんか？

とはいえ、最初から完璧にプログラムを書くのは難しいもの。英語の学習と同じように、まずはプログラムを読むところから始めましょう。そこで本書では**初心者がプログラムの意味を理解できるようになること**を目標に筆を執りました。掲載するプログラムの１行１行をできる限り平易に解説しています。読めるようになれば第一関門は突破。あとは先人のプログラムを真似したり修正したりする中で、自然とプログラムが書けるようになるでしょう。

本書はエクセル２０１６／２０１３／２０１０を対象としています。

目次

1章 VBAを始める前の準備をしよう

2章 これでわかった！VBAプログラムの基本

3章 条件分岐と繰り返しを理解する

4章 応用編 オリジナルの画面を使ってプログラムを動かす

［免責］

本書に記載された内容は、情報の提供のみを目的としています。したがって、本書を用いた運用は、必ずお客様自身の責任と判断によって行ってください。これらの情報の運用の結果について、技術評論社および著者はいかなる責任も負いません。

本書記載の情報は、2016年12月末日現在のものを掲載していますので、ご利用時には、変更されている場合もあります。

また、本書はWindows 10とExcel 2016を使って作成されており、2016年12月末日現在での最新バージョンをもとにしています。ソフトウェアはバージョンアップされる場合があり、本書での説明とは機能内容や画面図などが異なってしまうこともあり得ます。本書ご購入の前に、必ずバージョン番号をご確認ください。OSやソフトウェアのバージョンが異なることを理由とする、本書の返本、交換および返金には応じられませんので、あらかじめご了承ください。

以上の注意事項をご承諾いただいた上で、本書をご利用願います。これらの注意事項に関わる理由に基づく、返金、返本を含む、あらゆる対処を、技術評論社および著者は行いません。あらかじめ、ご承知おきください。

［商標・登録商標について］

本書に記載した会社名、プログラム名、システム名などは、米国およびその他の国における登録商標または商標です。本文中では™、®マークは明記しておりません。

1章

VBAを始める前の準備をしよう

SECTION 01

いつもの作業をプログラムで自動化 エクセルVBAの利点

必読

「プログラム」がエクセルの作業効率をグンと引き上げてくれる！

請求書の作成、プロジェクトの進行管理、データの分析にと八面六臂の活躍を見せるエクセル。仕事でいちばん使っているソフトウェアはエクセルという方も少なくないだろう。それだけに皆さんも、常日頃から関数やショートカットキーを活用して、仕事の効率化を図っているのではないだろうか。

関数やショートカットキーはたしかに効果的なテクニックだが、まだまだ効率化の余地はある。その余地が〝プログラミング〟だ。プログラミングとは、コンピューターに対して、どのような手順で仕事をすべきかを指示する命令書〝プログラム〟を作る作業のこと。**実はエクセルでもプログラムを作ることで、指示した仕事を自動で実行させることができるのだ。**

ひとつの例として、100個のブックをひとつずつ開いてデータをコピーし、1つのブックにまとめる作業を考えてみよう。ショートカットキーを使いこなして、1つのブックを1分でコピーしたとしても、優に100分、1時間半以上はかかってしまう。一方、この作業をプログラミングで処理すれば、わずか5分程度で完了できるだろう。このような、単純作業を延々と繰り返すルーチンワークこそ、プログラムがもっとも得意とする分野だ。

VBAはエクセルでプログラムを作るための言語

ところでプログラムは、残念ながら日本語で「データをコピーせよ」と書いてもコンピューター側で認識してくれない。普通の日本人が、アラビア語やヒンディー語の書類を読んでも中身が理解できないのと同じようなものだ。プログラムを書くときは、コンピューターが解読できる特別な言語を使わないといけない。このプログラムを作るための特別な言語のことを〝プログラミング言語〟という。エクセルでプログラムを作るためのプログラミング言語がVBA（Visual Basic for Applications）なのだ。

また〝エクセルの自動化〟というテーマでは、「マクロ」というキーワードもよく出てくる（34ページ参照）。聞いたことがある人も多いだろう。実のところマクロとは、VBAで書いたプログラムのことを指すのだ。

SECTION 02

VBAはある一定のルールで動いている

必読

VBAはどんなふうに書くの?

エクセルでは、VBAというプログラミング言語を使ってプログラムを作り、さまざまな処理を自動化することができる。ではこのVBA、実際にはどのように書かれているのだろうか。

左ページに、4章で紹介する請求書作成プログラムの一部を掲載したので見ていただきたい。**VBAプログラムの中身は、英語に似た文字列が配列されている**。このように書かれた文字列のことを「**ソースコード**」や「**コード**」と呼ぶので、覚えておこう。

見てわかるように、VBAのコードのほとんどは**半角の英数字**で書かれている。全角の英数字で命令部分を書くと、エラーになってしまうので注意しよう。また、VBAにも日本語や英語のように**文法**が定められており、それに従ってコードを書く必要がある。文法といっても、我々が普段使っている日本語や英語と比べると、ルールの数は少なく例外的な約束事もほぼない。覚えないといけないことはそれほど多くないので、安心してほしい。

請求書作成プログラムのコードの一部

```
Option Explicit

Sub MakeBill()
    Sheets("請求書").Activate
    Range("A4,A10:B20,E10:E20").ClearContents

    Dim companies As Range
    Set companies = Sheets("取引先").Range("A2:A100")

    Dim i As Integer
    For i = 1 To companies.Count
        Dim name As String
        name = companies(i)
        If name <> "" Then
            UserForm1.ComboBox1.AddItem (name)
        End If
    Next i

    UserForm1.Show
End Sub
```

コードは半角英数字で書く

ルール（文法）に従って書かれている

1行で1命令が基本

　プログラムが実行されると、エクセルはプログラムを受け取って指示された内容を処理する。このとき、どういう順番で処理が行われるかというと、エクセルはシンプルに、**ソースコードの上から順番に命令を実行しているだけ**なのだ。つまり、「セルA1に移動」「クリア」という順番に命令を書けば、エクセルはセルA1の文字列を削除する。「クリア」「セルA1に移動」の順で命令を書けば、現在のセルの文字列を削除してからセルA1に移動する。プログラムの作成者は、命令を書く順番を入れ替えることで、エクセルの動きをコントロールするわけだ。

　では命令の順番を入れ替えるにはどうすればよいのだろうか？　実はこれ、単純に行の順序を変えればよい。というのも、VBAのコードは基本的に「**1行で1つの命令**」というルールで書かれているからだ。

　上から順番に実行、1行で1つの命令——一見難解そうに見えるソースコードでも、この2つのルールを頭に入れておくだけで、大まかなイメージがつかめるようになるはず。あとは、個々の命令が何を意味しているかを学び、把握するだけだ。

VBAコードの基本的な読み方

```
Option Explicit

Sub Sample1()
    Range("A1").Select
    Selection.ClearContents
End Sub
```

❶ セルA1を選択する

❷ 選択中のセルをクリア

上から順番に命令を実行

コードの順番で動作が変わる

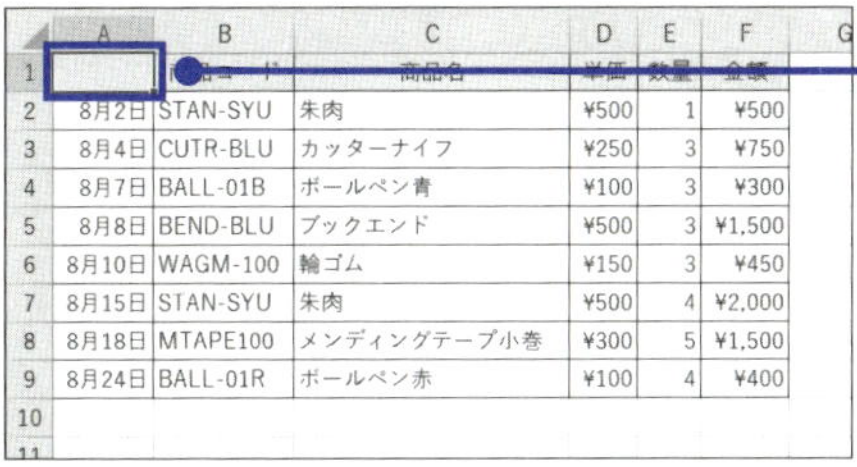

	A	B	C	D	E	F
1		商品コード	商品名	単価	数量	金額
2	8月2日	STAN-SYU	朱肉	¥500	1	¥500
3	8月4日	CUTR-BLU	カッターナイフ	¥250	3	¥750
4	8月7日	BALL-01B	ボールペン青	¥100	3	¥300
5	8月8日	BEND-BLU	ブックエンド	¥500	3	¥1,500
6	8月10日	WAGM-100	輪ゴム	¥150	3	¥450
7	8月15日	STAN-SYU	朱肉	¥500	4	¥2,000
8	8月18日	MTAPE100	メンディングテープ小巻	¥300	5	¥1,500
9	8月24日	BALL-01R	ボールペン赤	¥100	4	¥400

❶→❷の順に書くと、セルA1に移動してから、セルの文字列を削除する

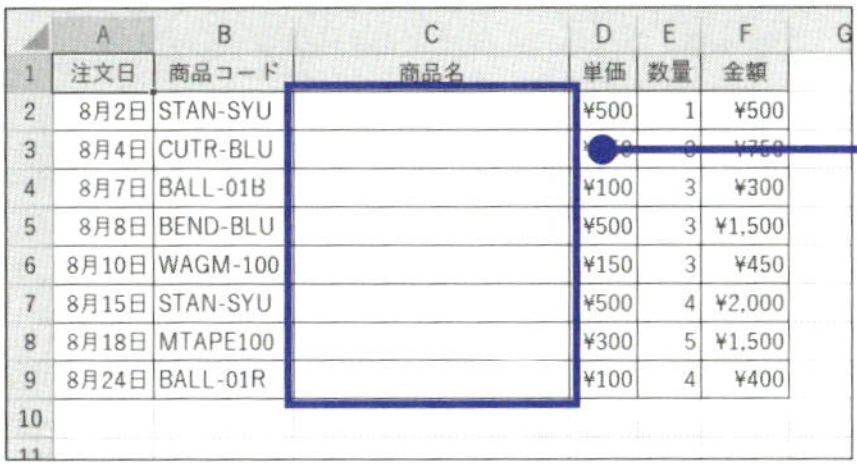

	A	B	C	D	E	F
1	注文日	商品コード	商品名	単価	数量	金額
2	8月2日	STAN-SYU		¥500	1	¥500
3	8月4日	CUTR-BLU		¥250	3	¥750
4	8月7日	BALL-01B		¥100	3	¥300
5	8月8日	BEND-BLU		¥500	3	¥1,500
6	8月10日	WAGM-100		¥150	3	¥450
7	8月15日	STAN-SYU		¥500	4	¥2,000
8	8月18日	MTAPE100		¥300	5	¥1,500
9	8月24日	BALL-01R		¥100	4	¥400

❷→❶の順に書くと、選択中のセルの文字列を削除してから、セルA1に移動する

SECTION 03

VBAを使うための準備をしよう

必読

VBAはすぐには使えない？ コンテンツを有効化しよう

プログラムが保存されているブックを開いても、すぐにプログラムを実行することはできない。プログラムはエクセルでできることは何でもできるので、シートの全データを削除といったことまでできてしまう。そのため、プログラムはデフォルトでは実行できなくなったのだ。数式バーの上部に表示される「セキュリティの警告」の「コンテンツの有効化」をクリックしよう。これでプログラムが利用できる状態となる。

セキュリティの警告のバー自体が表示されない場合は、「セキュリティセンター」ダイアログボックスを開き、「マクロの設定」で「警告を表示してすべてのマクロを無効にする」を選択しよう。ブックを開き直せば、セキュリティの警告が表示されるはずだ。「すべてのマクロを有効にする」を選択すると、確認不要でプログラムが利用できるようになるが、悪意あるプログラムの被害に遭う可能性もあるため、選ばないようにしよう。

セキュリティの警告を確認する

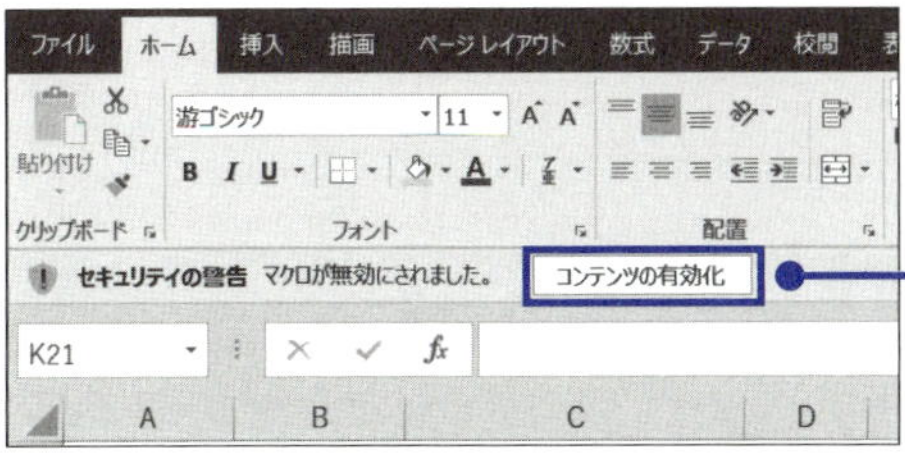

「コンテンツの有効化」をクリックすると、マクロを利用できるようになる

セキュリティ設定を変更する

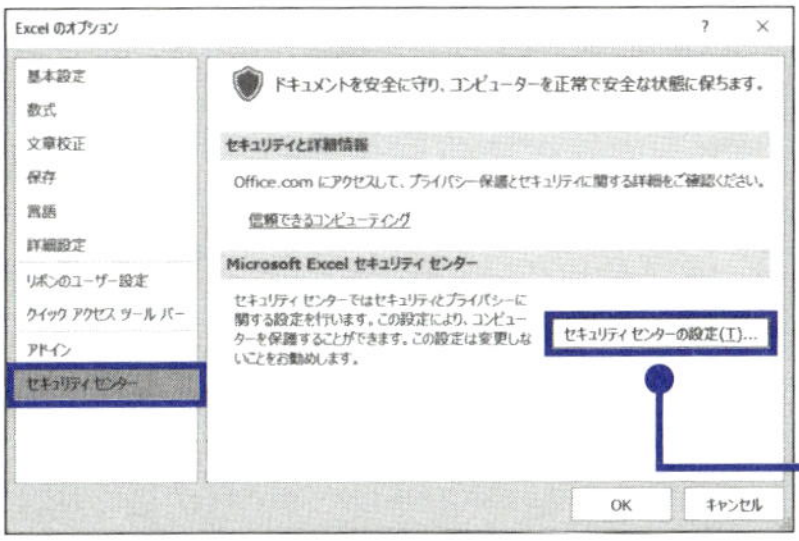

❶ リボンの「ファイル」→「オプション」をクリックしてダイアログボックスを表示

❷「セキュリティセンター」メニューの「セキュリティセンターの設定」をクリック

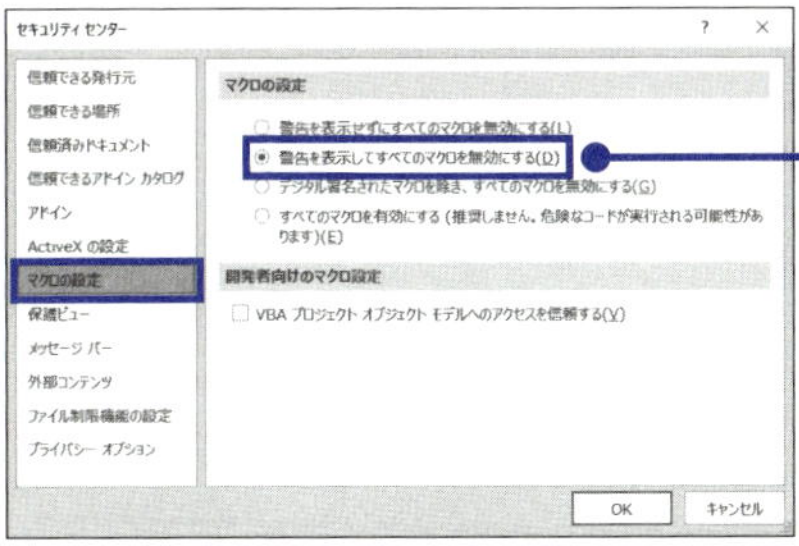

❸「マクロの設定」メニューの「警告を表示してすべてのマクロを無効にする」を選択

「開発」タブを表示してプログラムを利用できるようにしよう

ブックを開いてプログラムを利用できる状況にはなったものの、プログラムはどこから実行したり、作ったりすればよいのだろう。VBAは上級者向けの機能のため、最初は非表示の状態になっているのだ。

まずは左ページを参考にエクセルの設定を変更して、リボンに「開発」タブを表示しよう。ここではエクセル2010、2016を例に「開発」タブを表示する手順を紹介する。同様の手順でエクセル2013でも設定可能だ。エクセル2007の場合は、手順が少し異なる。「Office」ボタン→「Excelのオプション」をクリックし、ダイアログボックスの「基本設定」メニューで「[開発]タブをリボンに表示する」をクリックしてオンにすればよい。

プログラムの作成や実行といった作業は、すべてこの「開発」タブで行う。「開発」タブにはさまざまなコマンドが用意されているが、本書で使うのは「コード」グループの「Visual Basic（ビジュアルベーシック）」（23ページ参照）と「マクロ」（74ページ参照）の2つだ。

リボンに「開発」タブを追加する

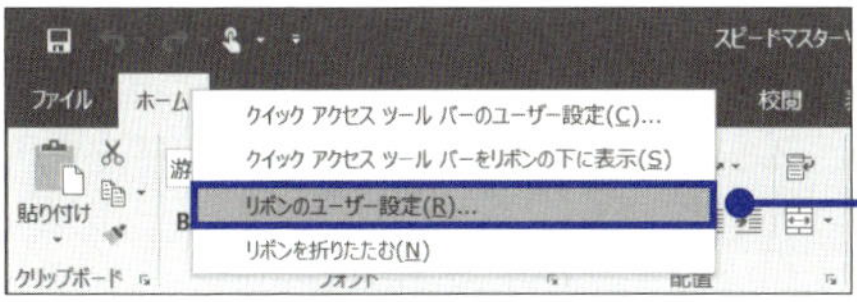

❶ リボンを右クリックし、「リボンのユーザー設定」をクリック

❷「開発」をクリックしてオンにし、「OK」をクリック

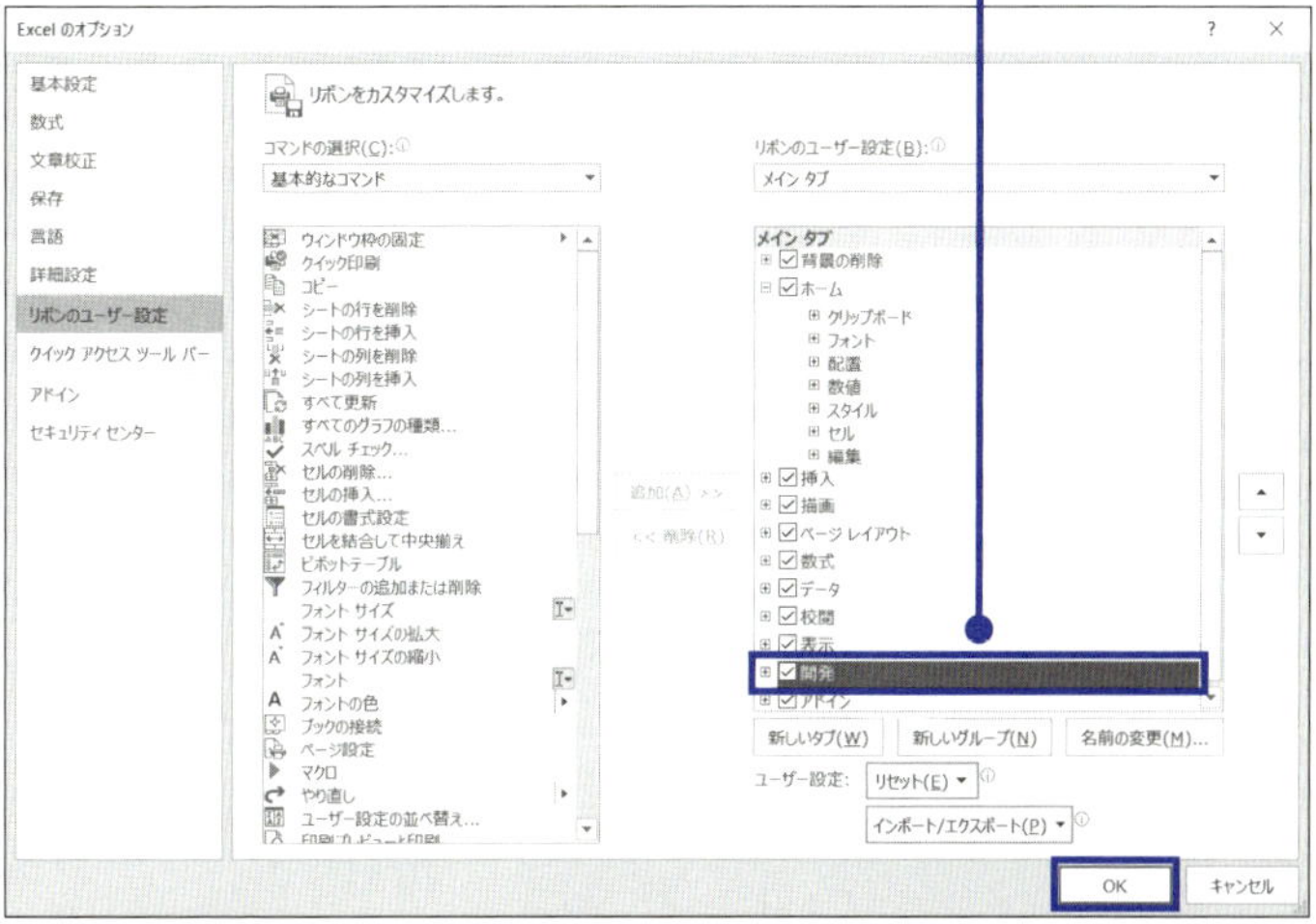

❸ リボンに「開発」タブが追加された

マクロ有効ブックとして保存しよう

ＶＢＡのプログラミングに取りかかる前に、ＶＢＡのプログラムが含まれているブックの保存方法を確認しておこう。保存の仕方を間違えると、せっかく作ったプログラムがなくなりかねないからだ。

エクセルの標準ファイル形式には、実はプログラムを保存することができない。プログラムを含むブックを標準のファイル形式で保存しようとすると、「マクロは保存できない」旨のアラートが表示される。そのまま強引に保存を実行すると、プログラムが破棄された状態でブックが保存される。そして、このままブックを閉じてしまうと、それまで書いたプログラムが無に帰する……というわけだ。

プログラムを含んだブックを保存するときは、ファイル形式を選ぶメニューで「**マクロ有効ブック**」を選択しよう。拡張子は「xlsm」だ。また、初回保存時に表示されるアラートにも気を付けたい。アラートを確認せずに［Enter］キーを連打して保存していると、思わぬトラブルに見舞われることになる。一度保存してしまえば、あとは上書き保存すればよいので、ファイル形式に気を配る必要はない。

VBAのプログラムを含むブックを保存する

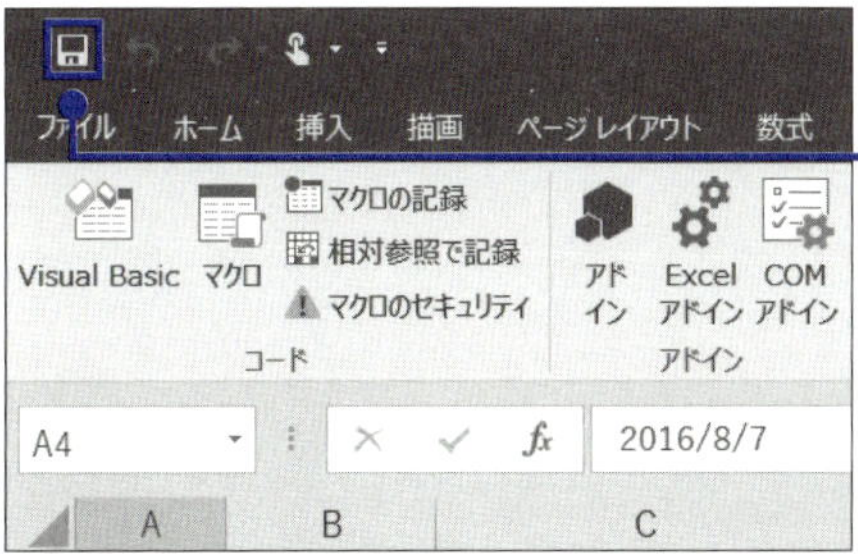

❶ クイックアクセスツールバーの「上書き保存」をクリック

❷ ファイルの種類で「Excelマクロ有効ブック」を選択し、保存する

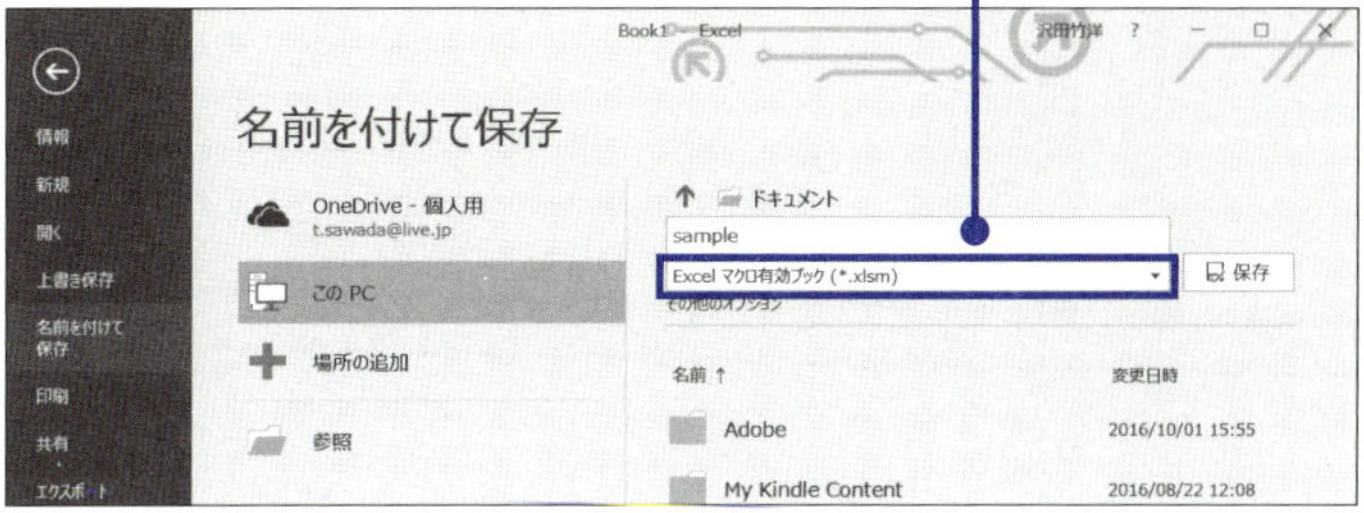

標準のファイル形式で保存すると…

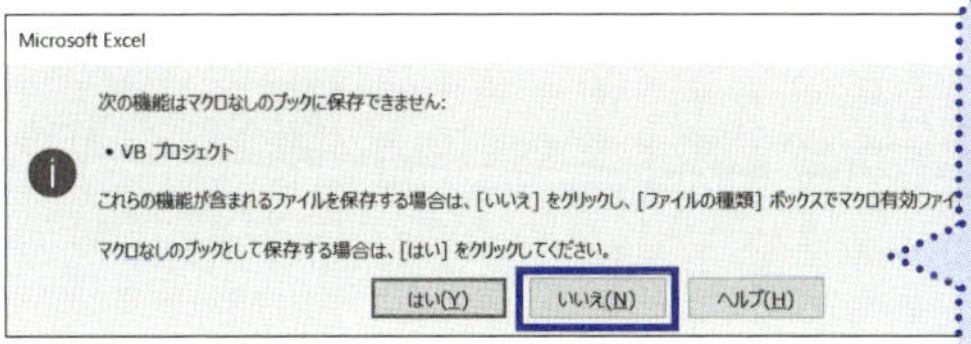

VBAのプログラムを含むブックを標準のファイル形式で保存すると、こうしたアラートが表示される。必ず「いいえ」をクリックしよう

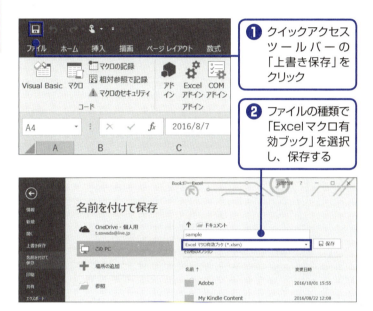

SECTION 04

プログラムを書くための画面「VBE」を開こう

必読

統合開発環境「VBE」を起動してプログラムを見てみよう

プログラムの中身は13ページでも見たように、基本的に半角の英数字を中心とした文字の組み合わせでできている。そのため、メモ帳などのテキストファイルを編集するソフトウェアでも作れないことはない。だが、メモ帳でプログラムを作るのは大変だ。どこが間違っているかといったヒントも得られず、メモ帳からでは作成したプログラムを直接実行することもできない。

一般的にプログラムを作るときは、プログラムを書くためのテキストエディタや、プログラムの間違いを発見するためのデバッガー、その場でプログラムを実行して動作を確認する機能などが一体化した「統合開発環境」というソフトウェアを使用する。エクセルの場合は、統合開発環境「VBE（Visual Basic Editor）」が最初から用意されているので、エクセルさえあればすぐにプログラムを作り始められる。本書では、このVBEを使ってプログラムを作成していく。

VBEを表示する

❶「開発」タブの「Visual Basic」をクリック

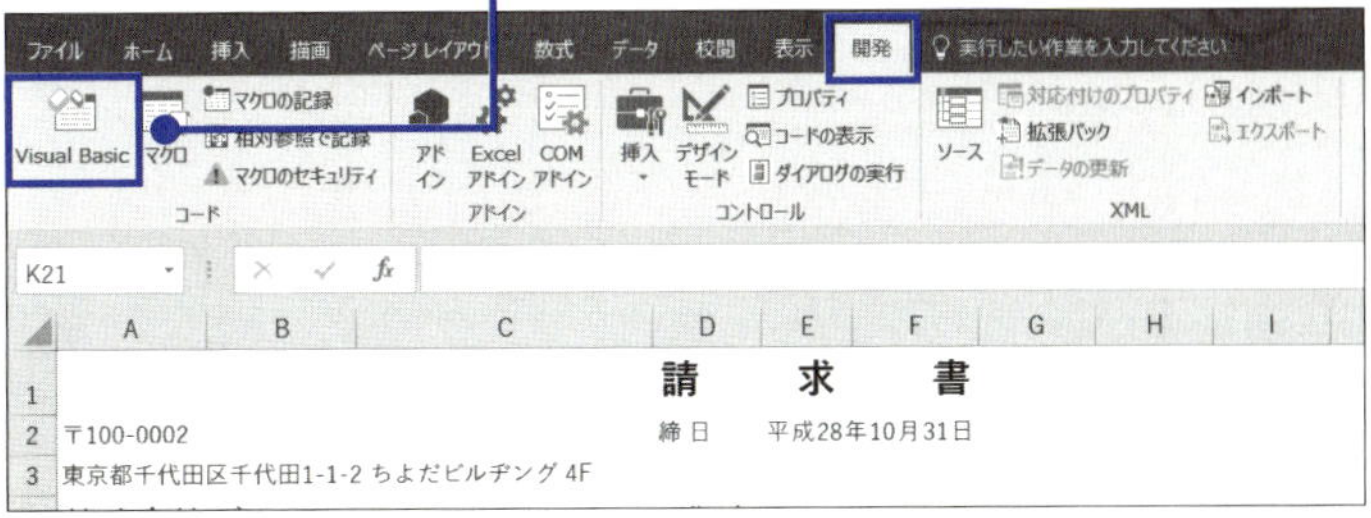

❷ VBEが表示される

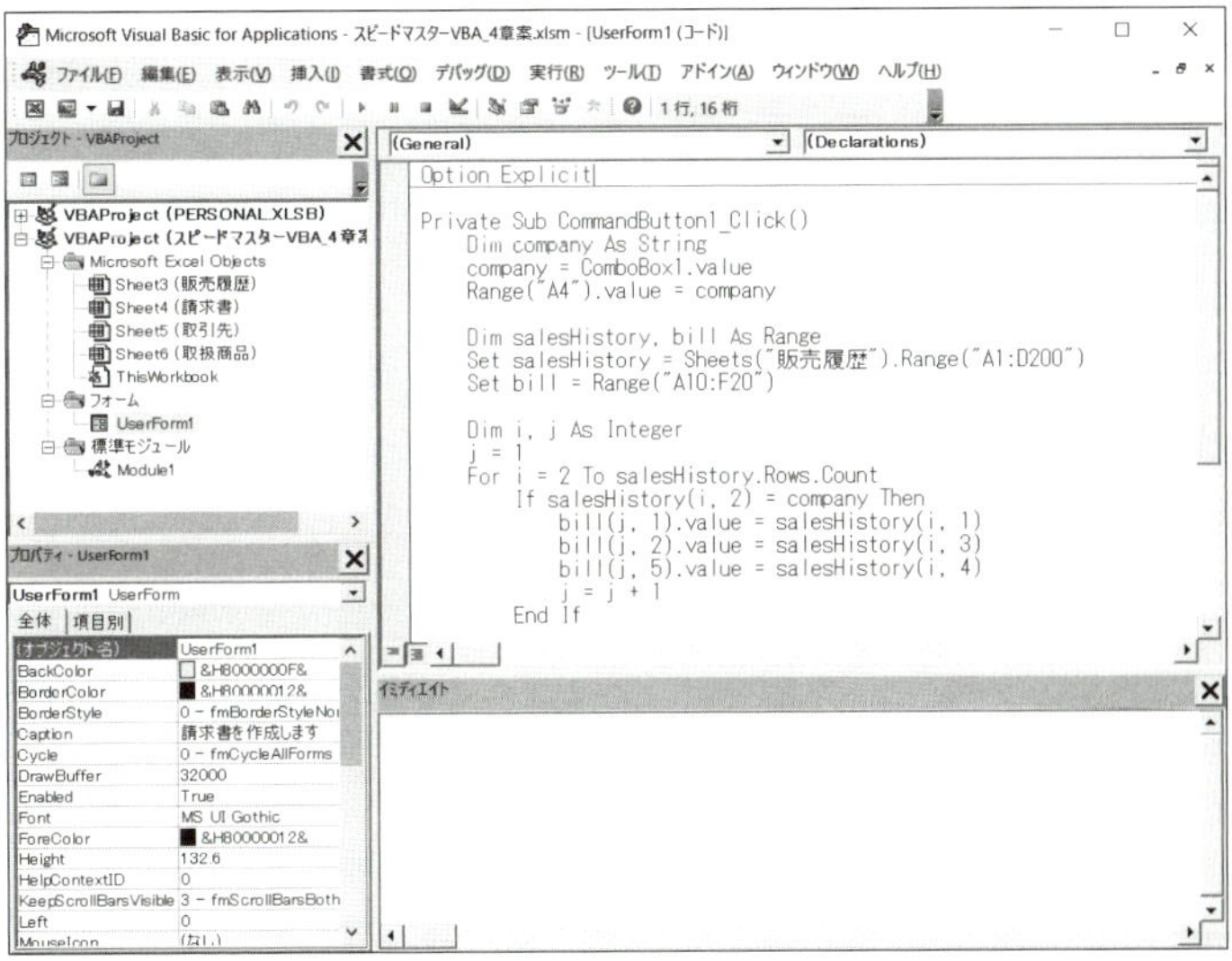

VBEの画面の見方を覚えよう

「開発」タブで「Visual Basic」をクリックすると、VBEのウィンドウが表示される。VBEには4つのウィンドウがあり、それぞれ異なる役割を持っている。まずは、各ウィンドウで何をするのか、しっかり理解しておこう。

VBEの左上に位置するのが、「プロジェクトエクスプローラー」だ。このウィンドウでは、プロジェクト(28ページ参照)やモジュール(30ページ参照)の一覧を表示する。どのブックにプログラムを書くかといったことは、このウィンドウから設定するわけだ。その下にあるのが、ユーザーフォームやフォーム上のボタンなどの設定を変更する「プロパティウィンドウ」だ。フォームのタイトルバーに表示する文字や、フォントサイズなどが設定できる。

そして画面の右側にあるのが、「コードウィンドウ」と「フォームウィンドウ」だ。コードウィンドウでは、プログラムのソースコードを入力・編集し、フォームウィンドウでは、ユーザーフォームにボタンや入力フィールド、プルダウンメニューなどの配置を行う。

VBEの画面構成

❶ プロジェクトエクスプローラー
プロジェクト(28ページ参照)やモジュール(30ページ参照)の一覧を表示する

❸ コードウィンドウ
プログラムのソースコードを入力・編集する

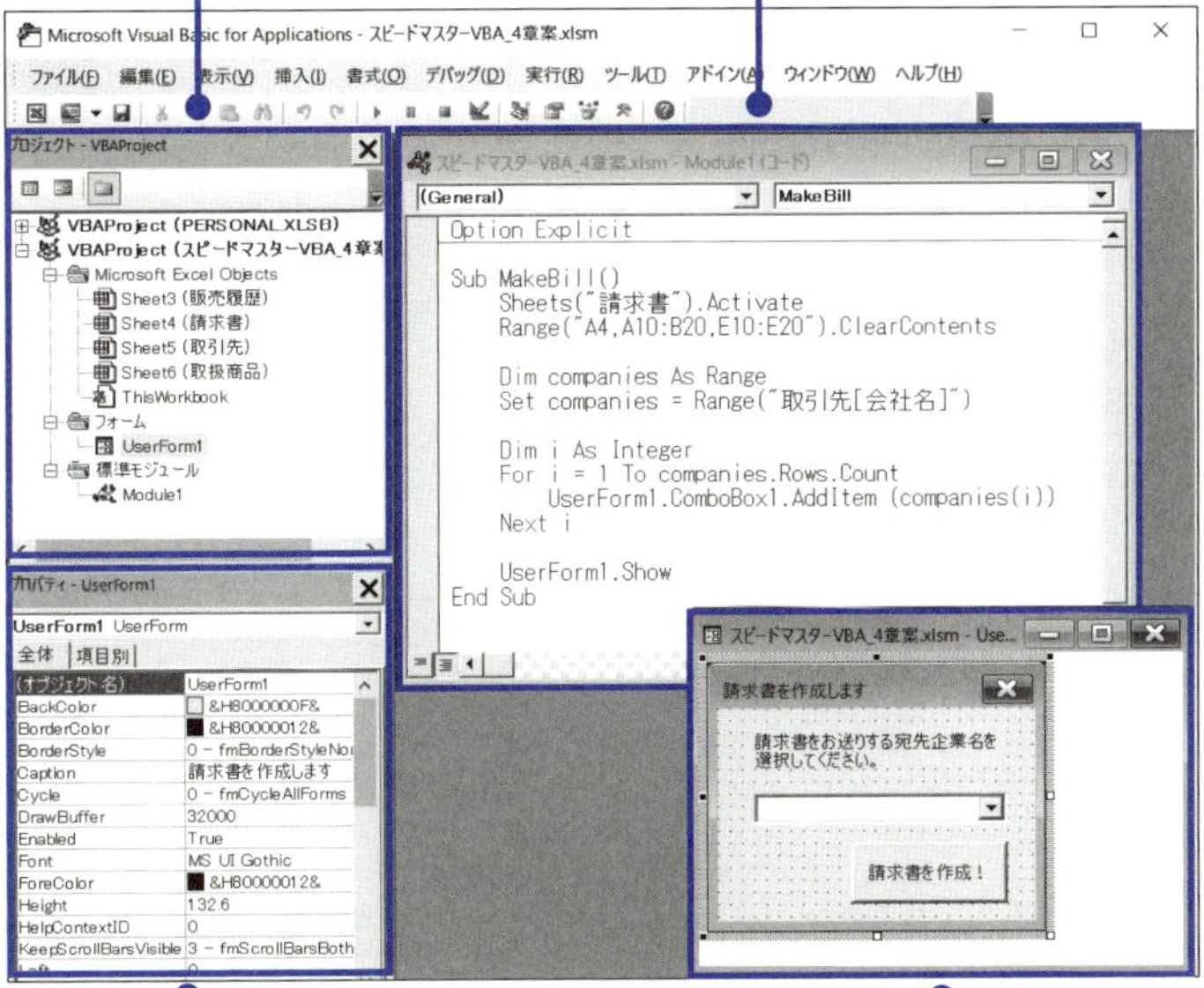

❷ プロパティウィンドウ
ユーザーフォームやフォーム上のボタンなどの設定を変更する

❹ フォームウィンドウ
ユーザーフォームにボタンやプルダウンメニューなどの配置を行う

SECTION 05

必読

VBAのプログラムを構成している部品について知ろう

VBAのプログラムはプロジェクトとモジュールで整理される

ＶＢＡのプログラムは、同じ場所に複数作成することができる。しかし、目的の異なるプログラムを同じ場所にまとめて書くと、整理が付かず読みづらくなってしまう。これでは普段の仕事で企画書や請求書など異なるシートをすべて同じブックに保存してしまうようなもので、いま必要なシートがどこにあるかわからなくなる。書類を作るときでも「企画」「請求」「プレゼン」のようにブックを分けて整理するはずだ。

ＶＢＡでも同じようにプログラムを整理するしくみが用意されている。それが「**モジュール**」という部品である。**モジュールとは、複数のプログラムをひとまとめにしたもの**のこと。左ページ上の例のプロジェクトエクスプローラー内にある「UserForm1」や「Module1」がこれに当たる。そして、**複数のモジュールを1つにまとめたものを「プロジェクト」**と呼ぶ。プロジェクトエクスプローラーの「VBA Project」がこれに当たる。

モジュールとプロジェクト

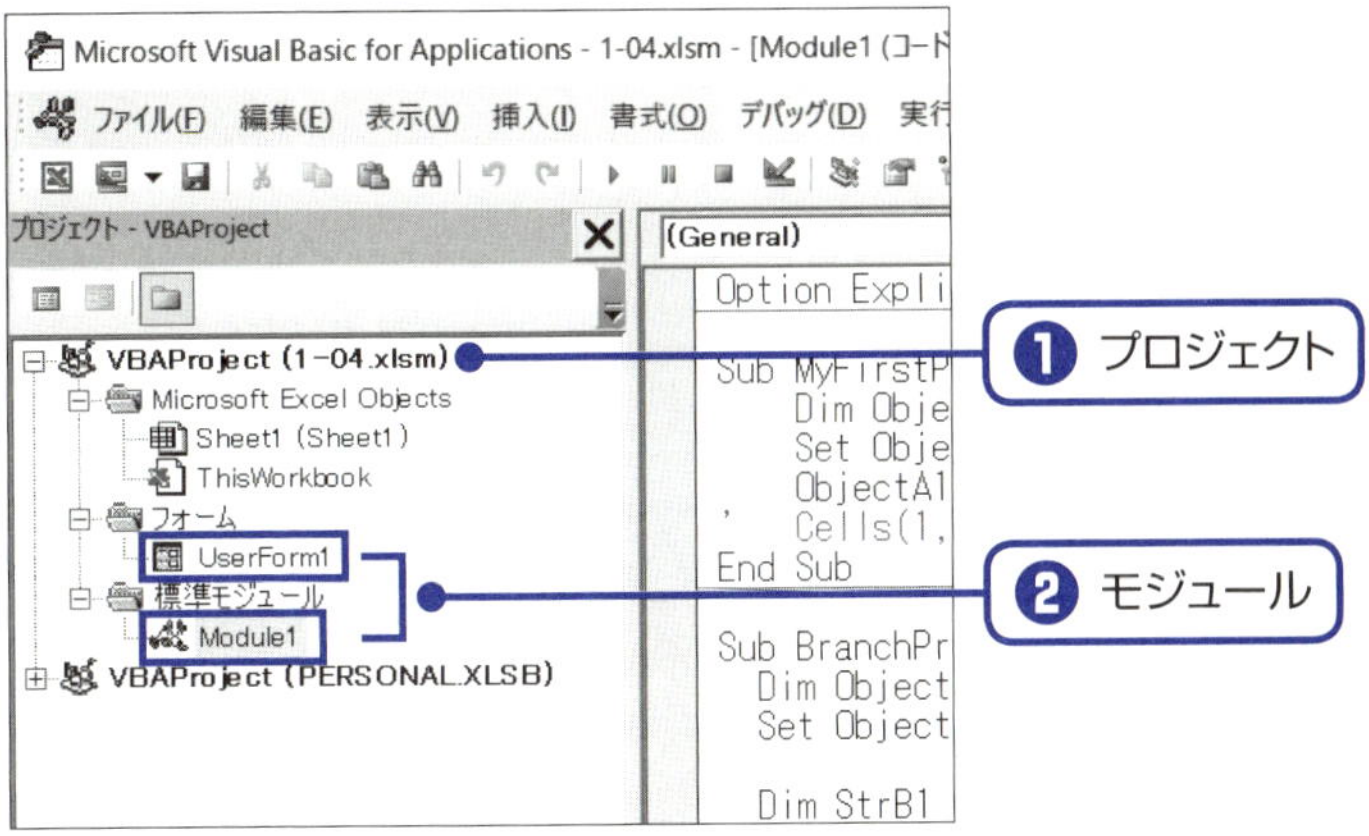

VBAプログラムの構造

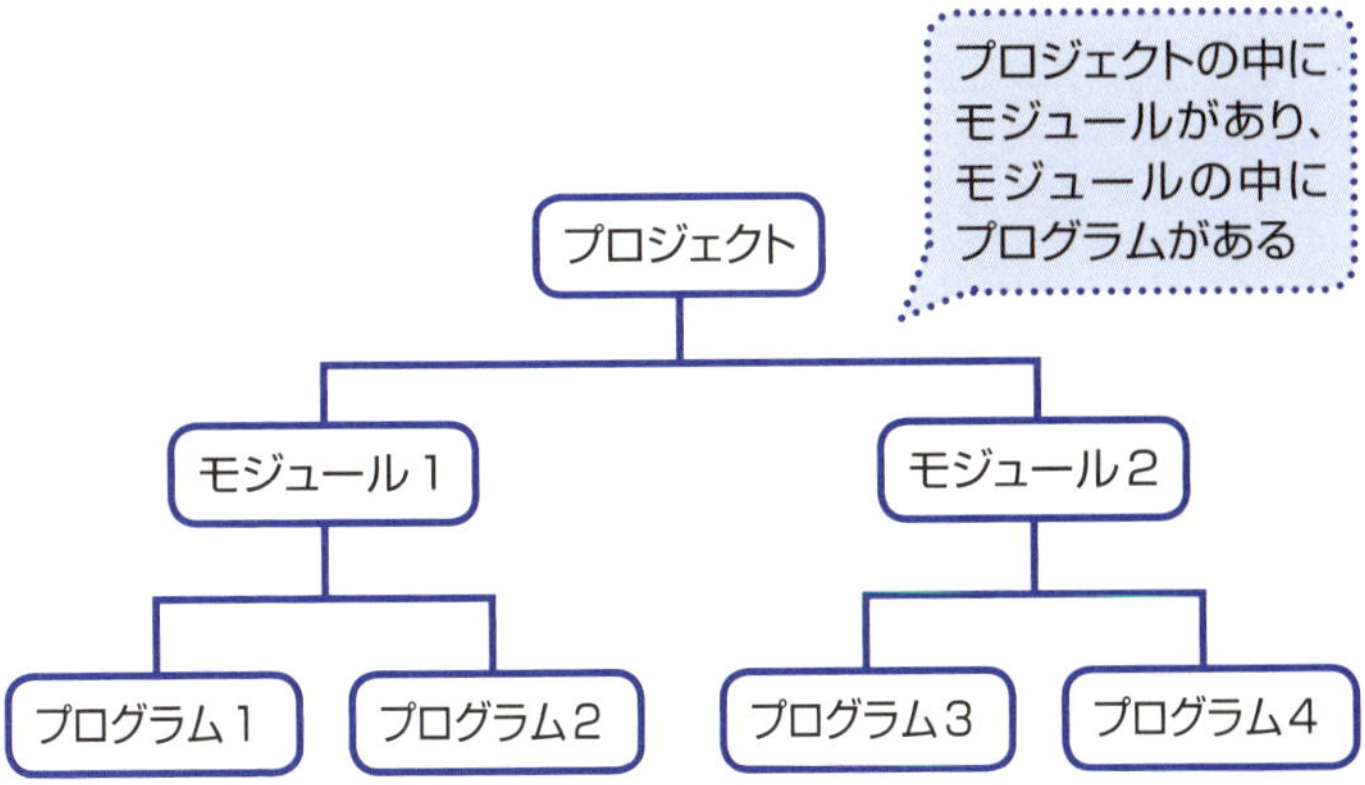

プログラムに必要な素材をまとめた「プロジェクト」

プロジェクトは本来「事業計画」や「企画」を意味する英単語だが、VBAにおいては、**プログラムのソースコードや画面に表示するパーツ、画像などの素材をひとまとめにしたもの**を指す。プログラムを作る専用ソフトウェアであるVBEでも、最初にプロジェクトを作成し、それからソースコードや画面のパーツなどの要素を追加していく。

エクセルでVBAプログラムを作る場合は、1つのブックに1つのプロジェクトが用意されており、プロジェクトの中で複数のモジュールを管理することができる。新しいブックを作った時点で、自動でプロジェクトが作成される。あとはプロジェクトの中にモジュールを追加して、プログラムを書けばよい。

プロジェクトの中には、ソースコードやユーザーフォーム（32ページ参照）など、プログラムに必要なデータがすべて保存されている。そのため、VBAのプログラムを保存したブックをほかの人に渡しても、エクセルさえあれば、プログラムを作ったパソコンと同じようにVBAのプログラムを実行できるわけだ。

プロジェクトとブックは1対1の関係

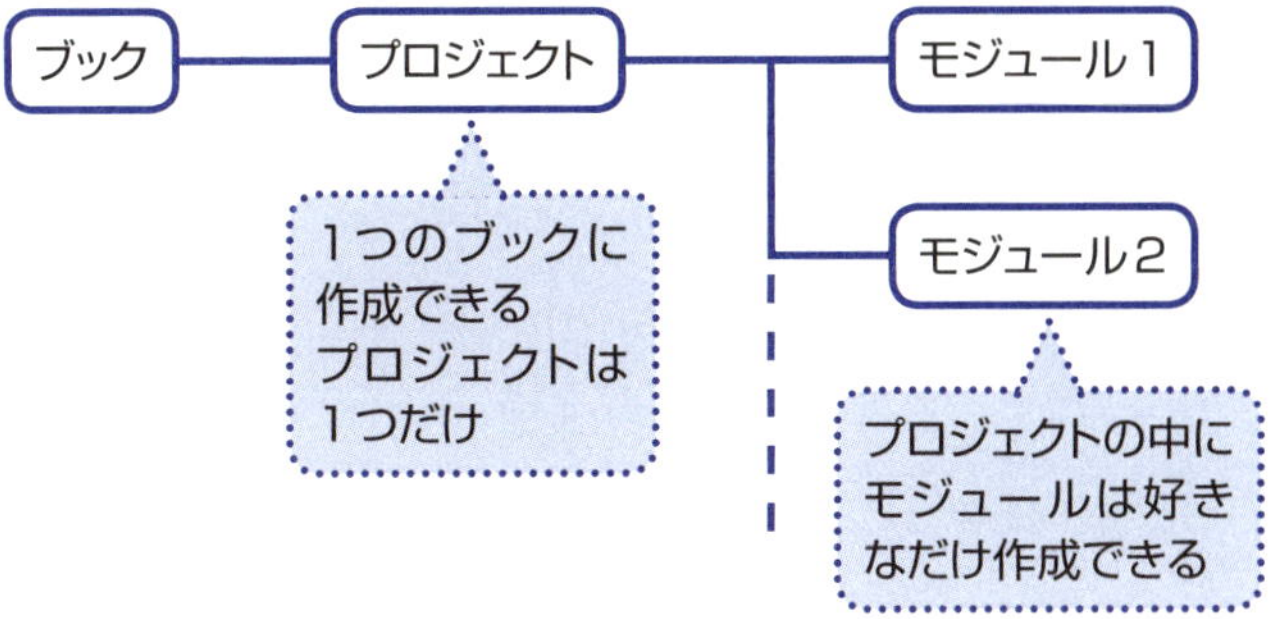

プロジェクトの中に保存されているもの

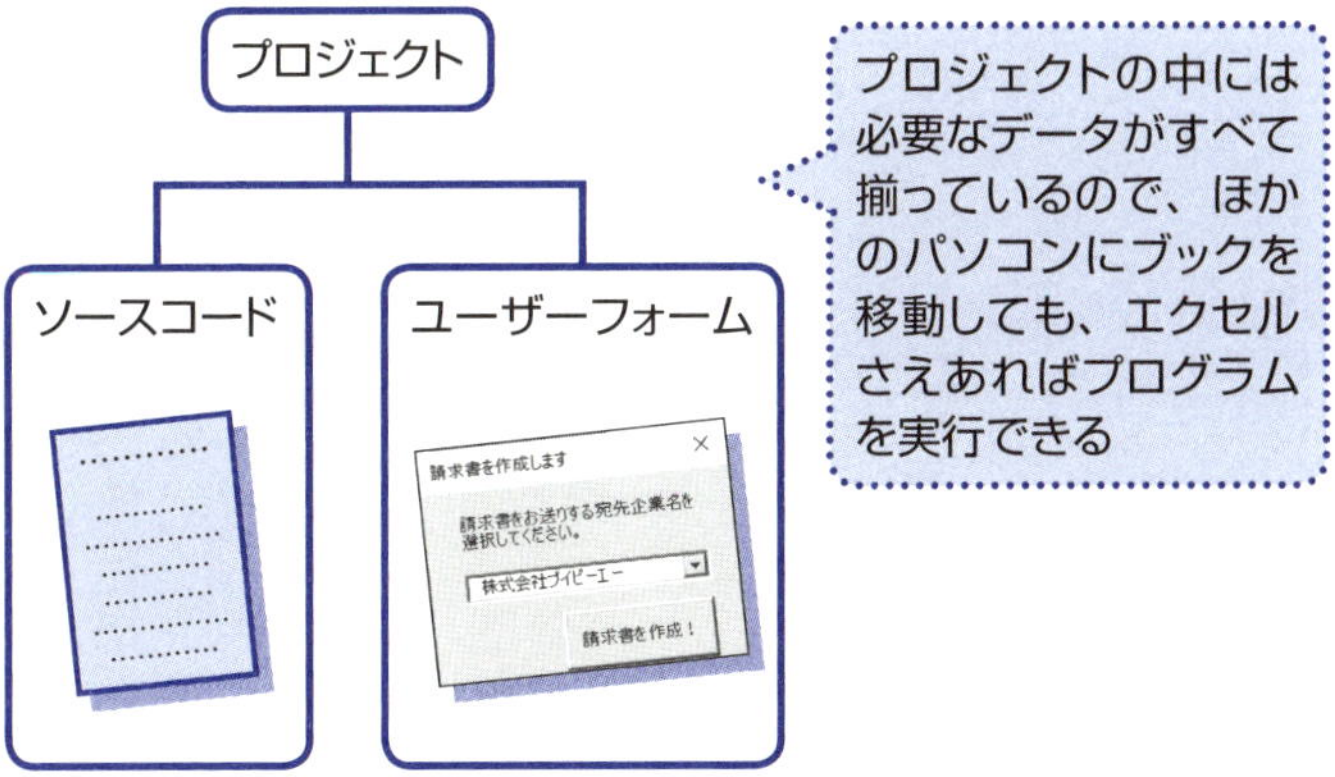

2つのモジュールを使い分けよう

ＶＢＡでは、プログラムのソースコードを先ほど説明した「モジュール」の中に書く。ＶＢＡのプロジェクトで管理するモジュールには、標準モジュール、Microsoft Excel Objects、フォームモジュールの３種類がある。それぞれのモジュールでどのような要素を扱うのかを、しっかり押さえておこう。

もっともよく使うのは、**標準モジュール**だ。**特別な意図がなければ、プログラムは基本的に標準モジュールに書く**。ほかのモジュールは、「特別な意図」があるときにのみ使うわけだ。**Microsoft Excel Objects**は、ワークシートやブックとセットになっているモジュールだ。ワークシートやブックを開く・閉じるといった操作をしたときに、実行するプログラムを書く。**フォームモジュール**は、ユーザーフォーム（32ページ参照）とセットになっているモジュール。ユーザーフォームでプルダウンメニューを操作したり、ボタンをクリックしたりしたときに実行するプログラムをここに書く。

この３つのモジュールのうち、本書で扱うのは標準モジュールとフォームモジュールの２つだ。プログラムは基本的に標準モジュールに書き、ユーザーフォームを使うときだけフォームモジュールを使うと覚えておこう。

VBAで利用するモジュール

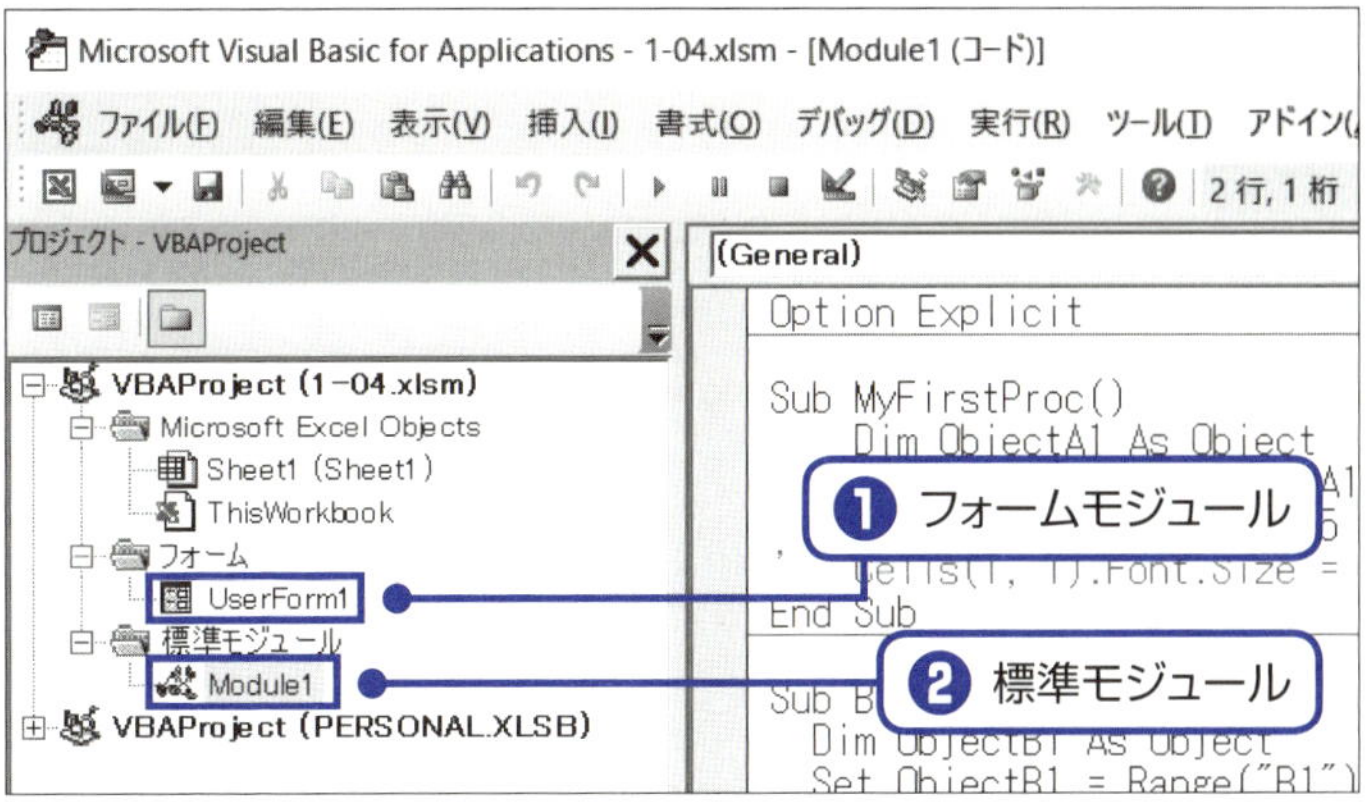

モジュールの種類	モジュールで利用できる機能
❶フォームモジュール	ユーザーフォームのカスタマイズや、ボタンなどをクリックしたときに動作するプログラムを書く
❷標準モジュール	通常のプログラムを書くためのモジュール。基本的にプログラムはこのモジュールに書く

SUMMARY

- ➔ 通常のプログラムを書くときは、標準モジュールを使う
- ➔ ユーザーフォームと関連するプログラムを書くときは、フォームモジュールを使う

ユーザーフォームを活用してプログラムを使いやすくする

ユーザーフォーム（単にフォームとも呼ぶ）は、ＶＢＡプログラムで利用する専用の画面のことだ。多くのプログラム言語では画面を作成することもプログラミングの一部であり、画面を作成するためにコードを書かなくてはいけない。

しかし、ＶＢＡではかんたんに専用の画面を作成する機能が備わっていて、プログラムとの連携も非常に容易だ。画面を作成するためのパーツ（ラベル、チェックボックス、ボタンなど）があらかじめ用意されているため、それらパーツを貼り付けるだけで、専用の画面が作成できるのだ。

エクセルの自動化を志す上で、フォームを活用するメリットは大きく2つある。1つは、利用者への指示が簡潔・明確になること。たとえば、請求書シートのセルA4に会社名を、セルB5には担当者名を入力するといった手続きを、利用者全員に周知するのは大変だ。しかし**フォームを使えば、フォームに指示されている項目を選択・入力し、ボタンをクリックすればよい**だけだ。もう1つはミスの削減だ。シートを直接操作する必要がなくなるため、本来必要な項目を誤って削除する、データを入力する場所を間違えるといった**単純なミスを防げる**ようになる。

フォームは自分でカスタマイズする

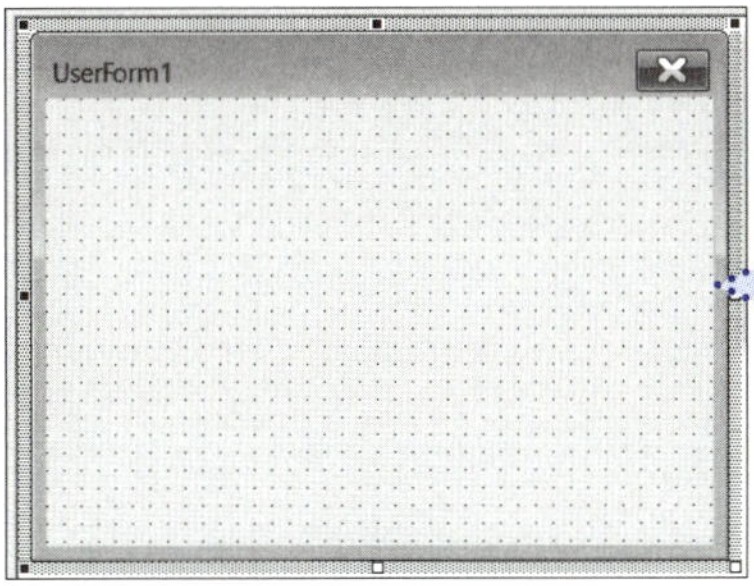

作成直後のフォーム

パーツを何も配置していない状態。ここからボタンやメニューなどのパーツを追加していく

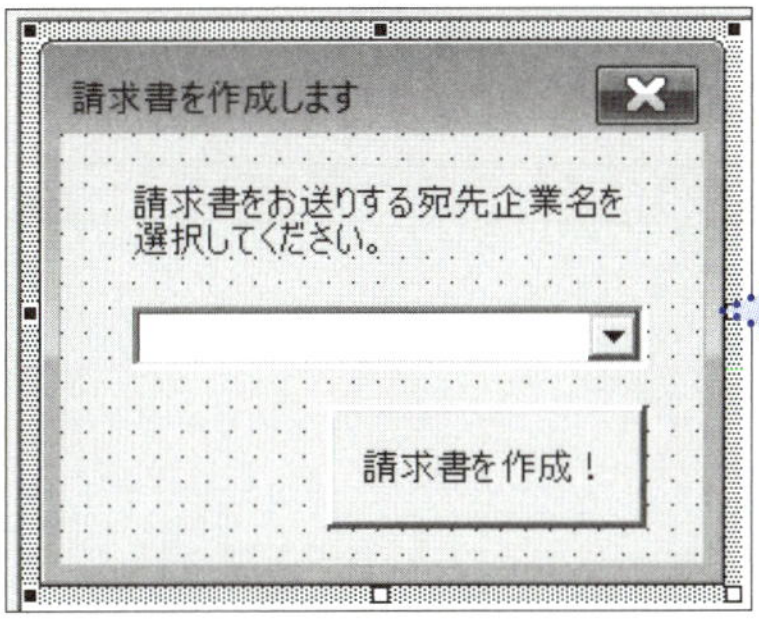

カスタマイズ後のフォーム

指示内容を説明するラベルと企業名を選択するコンボボックス、プログラムを実行するためのコマンドボタンなどを追加した

SUMMARY

- フォームは、エクセルにデータを効率よく入力するための画面
- フォームを使うことで、利用者への指示が明確になり、誤操作などのイージーミスも防げる

COLUMN

マクロの記録でプログラム作りに挑戦

エクセルでは、マウス操作だけで手軽にプログラムを作ることもできる。それが「マクロの記録」機能だ。「開発」タブの「マクロの記録」をクリックし、エクセルのブックに何らかの操作を行う。ひととおり操作を終えたら、再度「開発」タブの「マクロの記録」をクリックする。すると、エクセルのブックに対して行った操作がマクロとして記録され、マクロを実行すると、記録した操作がエクセル上で再現される。

この機能で作ったマクロも、中身はVBAで書かれたプログラムだ。そのため、2章から学ぶテクニックを使って作り変えれば、より便利なプログラムとして生まれ変わる。また、コピーや貼り付けなどの命令をどのように書けばよいかわからないときにも、マクロの記録は便利。作ったマクロのソースコードを開けば、命令の書き方は一目瞭然だ。

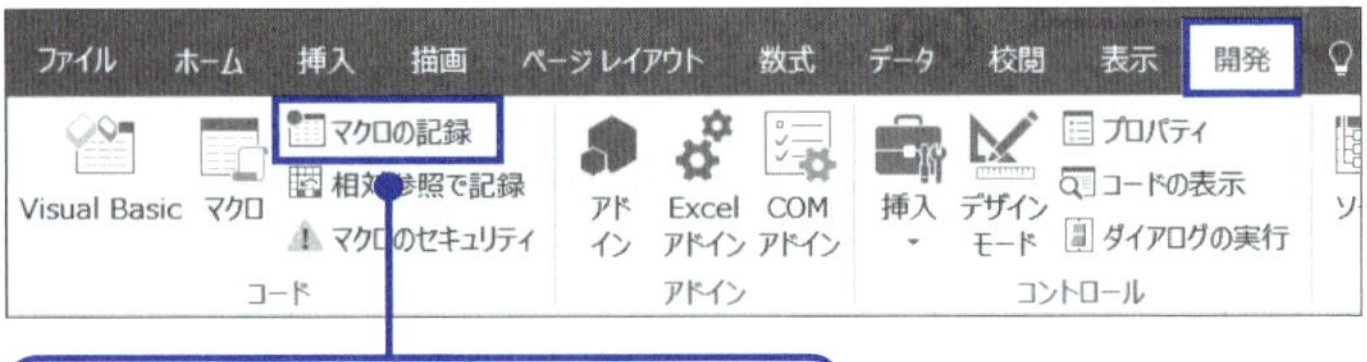

「開発」タブの「マクロの記録」をクリックしたら、あとはエクセルで記録したい処理を操作するだけ

2章

これでわかった！
VBAプログラムの基本

SECTION 06

この章で解説するプログラムを見てみよう

必読

フォントサイズの変更をとおしてVBAの基本を学ぼう

ＶＢＡでプログラムを書く準備ができたところで、２章からいよいよプログラミングの解説に移る……が、その前に、２章で作るプログラムの全体像を把握しておこう。左ページの上段にあるソースコードが、２章で作るプログラムだ。このプログラムを実行すると、左ページの下の例のように、セルＡ１のフォントサイズが「25」に設定され、文字が大きくなるわけだ。

わずか7行のプログラムだが、プログラムを1つのプログラムとしてまとめる「**プロシージャー**」、値に名前を付けて再利用するための「**変数**」、セルやシートを操作する「**オブジェクト**」など、学ぶべきことはたくさんある。

最初から複雑なプログラムの作成に取りかかるより、シンプルなソースコードを作成して、そのコードを1行1行理解していったほうが、結果的により早くＶＢＡへの理解が深まることにつながるだろう。

2章で作るプログラム

```
Option Explicit

Sub MyFirstProc()
    Dim ObjectA1 As Object
    Set ObjectA1 = Range("A1")
    ObjectA1.Font.Size = 25
End Sub
```

空白部分には半角スペースが入力されている

プログラムの動作

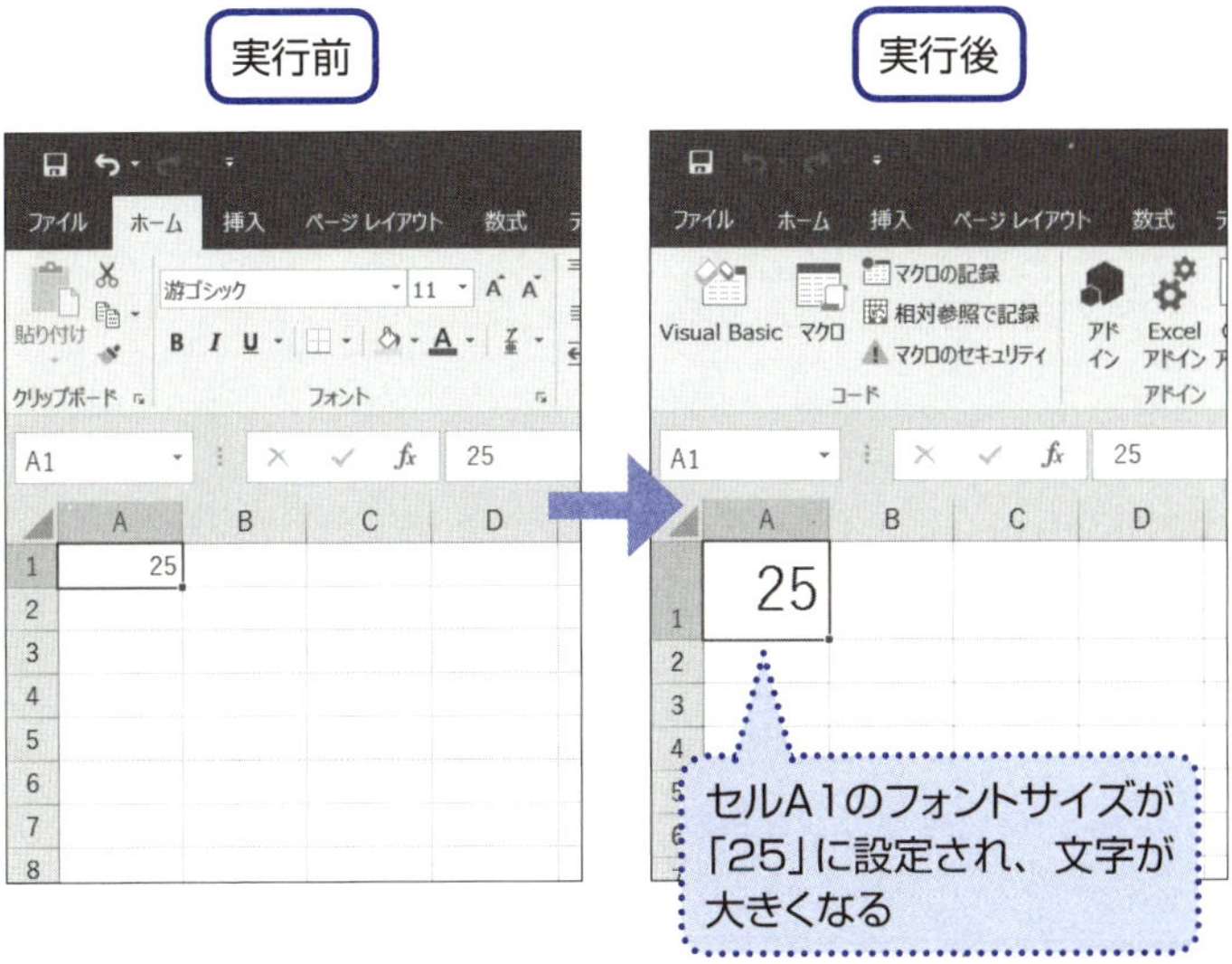
実行前
実行後
セルA1のフォントサイズが「25」に設定され、文字が大きくなる

プロジェクトに標準モジュールを追加しよう

30ページでも説明したように、原則として、特別な意図がなければ、プログラムは標準モジュールに書く。2章で解説するプログラムも標準モジュールに書くわけだが、初期状態のプロジェクトには、「Microsoft Excel Object」のモジュールしか用意されていない。プログラムを書くには何はともあれ、**まずは標準モジュールをプロジェクトに追加しなければならない**。

プロジェクトへの標準モジュールの追加は、VBEから行う。プロジェクトエクスプローラーで任意のプロジェクトを選択し、メニューバーで「挿入」→「標準モジュール」をクリックすると、選択中のプロジェクトにモジュールが追加される。ここまでできたら、マクロ有効ワークシート（XLSM形式）としてブックを保存しよう。

なお、モジュールを追加すると、1行目に自動的に「Option Explicit」という文字が追加される。これはVBAを書く上でのルールを定める命令だ。詳細は48ページで解説するので、消さずにそのまま残しておけばよい。

VBEを表示する

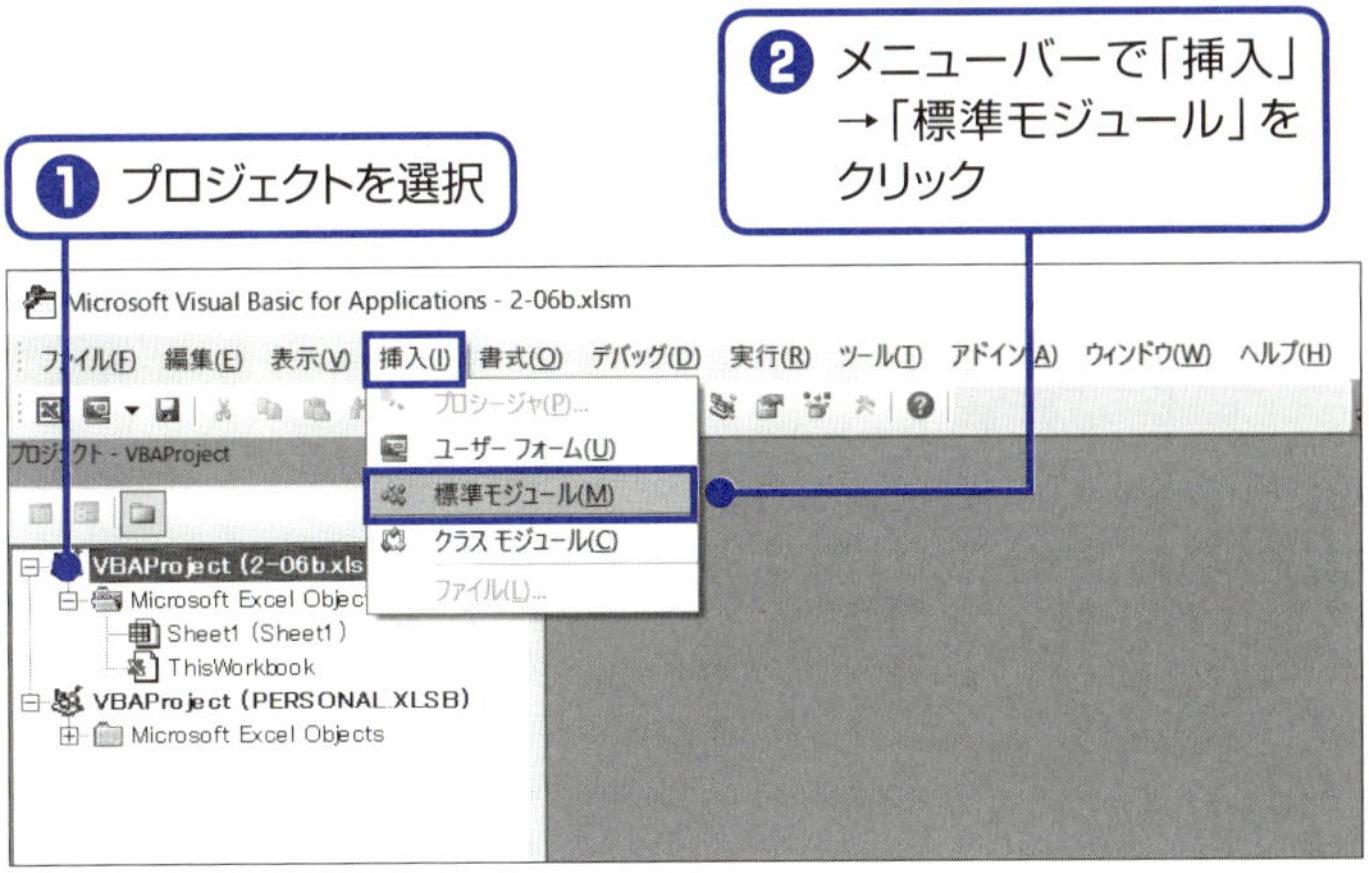
① プロジェクトを選択
② メニューバーで「挿入」→「標準モジュール」をクリック
Microsoft Visual Basic for Applications - 2-06b.xlsm
挿入(I)
標準モジュール(M)

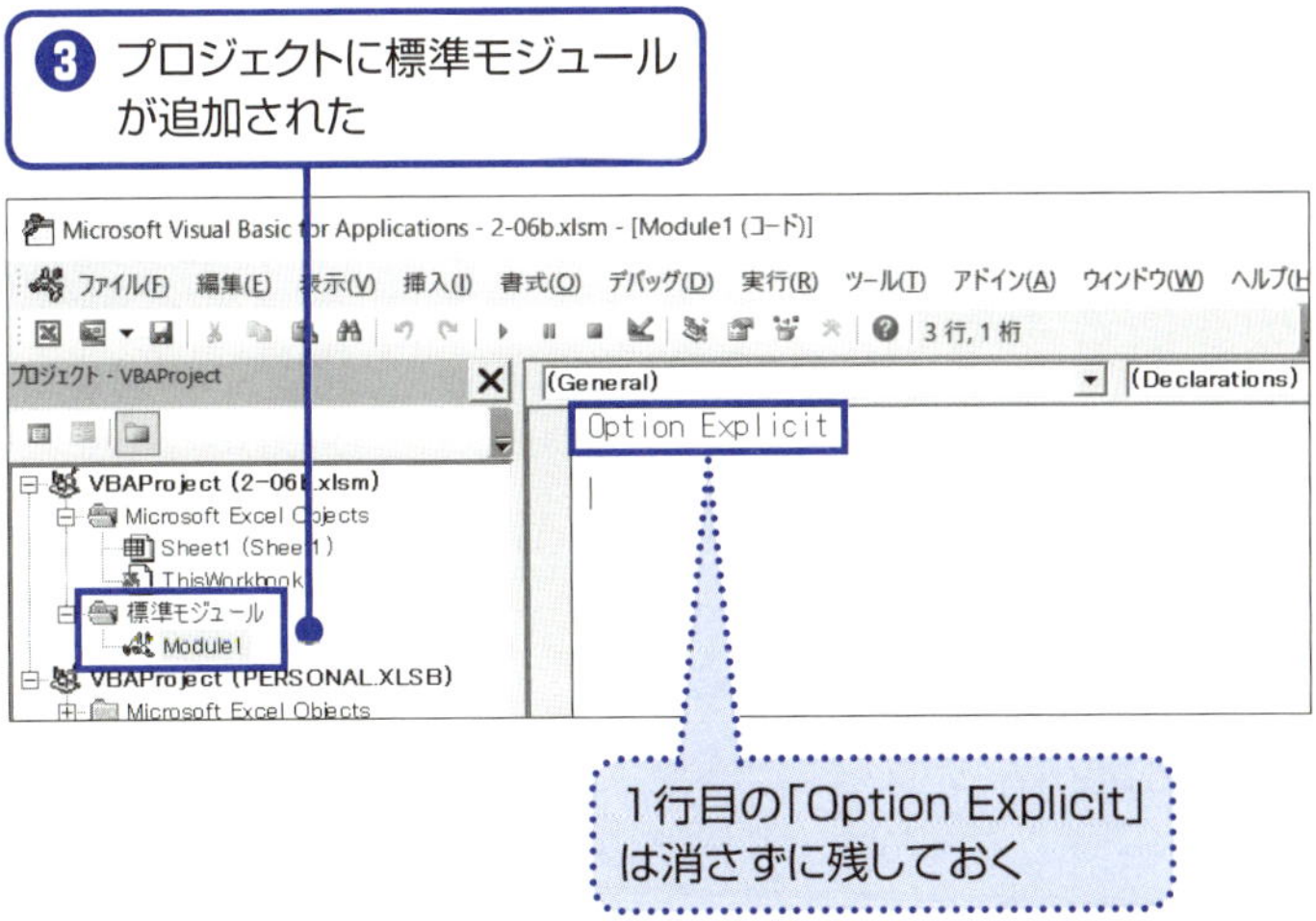
③ プロジェクトに標準モジュールが追加された
Microsoft Visual Basic for Applications - 2-06b.xlsm - [Module1 (コード)]
Option Explicit
標準モジュール
Module1
1行目の「Option Explicit」は消さずに残しておく

SECTION 07

プログラムには決められた「単位」がある

必読

命令のまとまり「プロシージャー」

左ページの上の例は、2章で作るプログラムだ。もう一度このプログラムを見てみると、始まりの部分に「Sub xxxx()」、終わりの部分に「End Sub」という文字があることがわかる。この2つに囲まれた部分を「プロシージャー」という。始まりの「Sub」と「()」の間にある文字は、プロシージャーの名前だ。

プログラムを料理のレシピにたとえてみよう。「卵を割る」「フライパンで焼く」「お皿に盛る」という個々の行動に順番を付け、1つにまとめることで、「目玉焼きの作り方」というレシピができあがる。

VBAも同じだ。「現在のセルをコピー」「セルA1に移動」「コピーしたセルを貼り付け」という個々の命令に順番を付け、1つにまとめたものがプロシージャーとなる。そして、プログラムを実行するときも、プロシージャー単位で行う。例にあげたプロシージャーを実行すれば、一気に3つの命令を実行することになるのだ。

プロシージャーは命令のひとまとまり

```
01  Option Explicit
02
03  Sub MyFirstProc()
04      Dim ObjectA1 As Object
05      Set ObjectA1 = Range("A1")
06      ObjectA1.Font.Size = 25
07  End Sub
```

- プロシージャーの名前
- Sub xxx()からEnd Subまでがプロシージャー

命令はプロシージャー内に書く

このようにプロシージャーにまとめずに命令を書いてはいけない

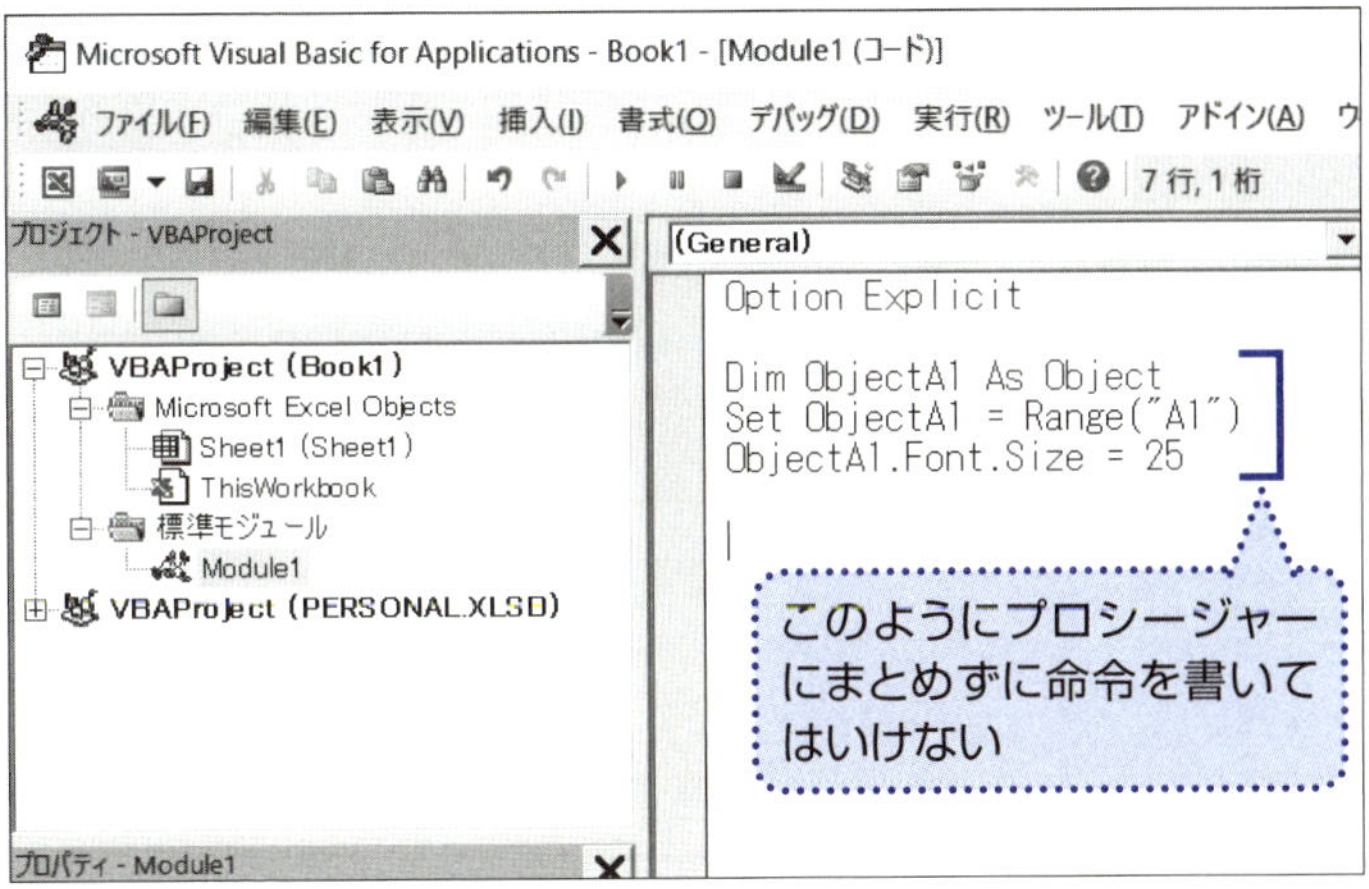

プロシージャーの集まりがモジュール

それでは実際にプロシージャーを書いてみよう。VBEのコードウィンドウに「Subプロシージャー名」と入力し、Enterキーを押すと、カッコと「End Sub」が自動で追加される。これはVBEのプログラム作りをサポートする機能のひとつだ。これでモジュールに1つのプロシージャーが追加されたことになる。

プロシージャーを作るときに気を付けたいのがプロシージャー名の付け方だ。プロシージャー名にはアルファベット、ひらがな、漢字のほか、数字も使用できる（ただし1文字目に数字を使うのは不可）。また、アンダーバー以外の記号は使用できないので注意しよう。半角スペースも不可だ。

名前を決めるときは、「請求書作成」や「MakeBill」のように〝そのプロシージャーで何を行うのか〟が端的にわかる内容にしたい。この名前は実行するプログラムを選ぶダイアログボックスにも表示される。なお、Subとプロシージャー名の間には半角スペースを入力する。半角スペースを入れずに続けて入力するとエラーになるので注意しよう。

プロシージャーを作成する

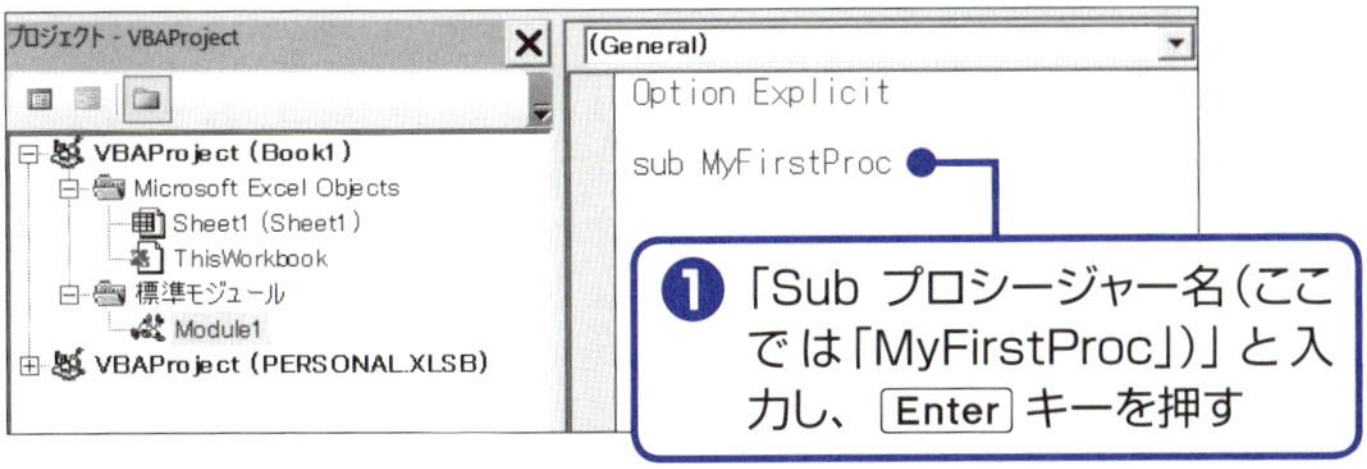

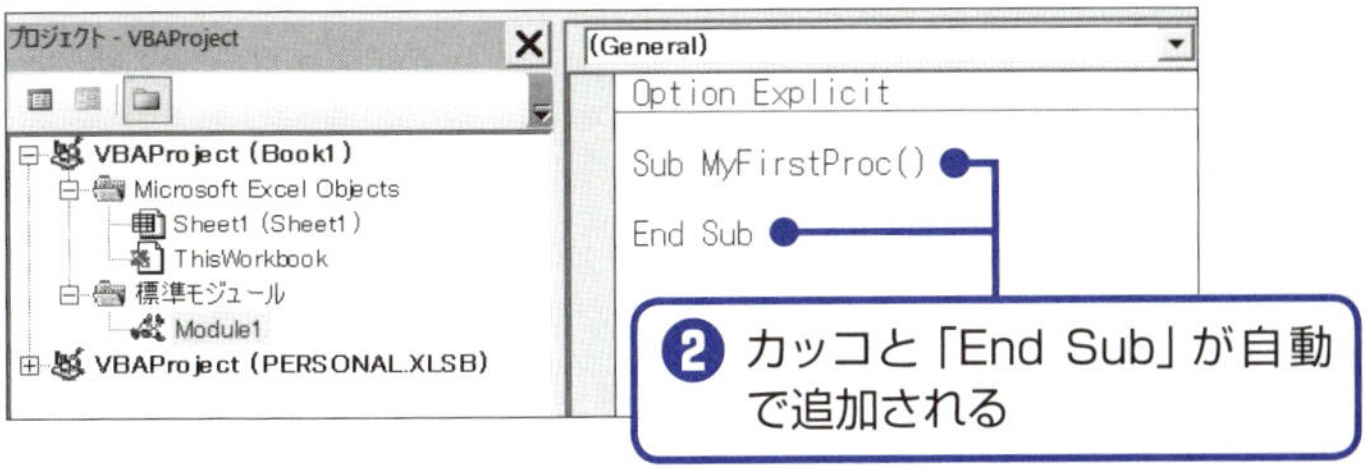

プロシージャーの名前	正誤	理由
MakeBill()	○	問題なし
_MakeBill()	×	1文字目に記号が使われているため
make_bill()	○	1文字目でなければアンダーバー(_)を使ってもよい
01MakeBilll()	×	1文字目に数字が使われているため
請求書作成()	○	名前には日本語を用いてもよい
請求書作成01()	○	日本語と英数字が混在していてもよい
Make Bill()	×	名前に半角スペースは使用できない
Make-Bill()	×	名前にはアンダーバー(_)以外の記号は使えない

SECTION 08

値を出し入れするためにに使うしくみ「変数」について知ろう

必読

インデントでプログラムの構造を視覚化しよう

プロシージャーを作ったら、中身の命令部分を作っていく。このとき大切なのが、命令文の行頭にカーソルを移動し、TABキーを押して字下げしてから命令を書くことだ。この字下げを「インデント」と呼ぶ。TABキーを1回押すと、デフォルトで4文字ぶん字下げされる。2回押すと8文字ぶん字下げされる。

左ページの例を見ると、インデントすることで、「Sub MyFirstProc( )」から「End Sub」がひとつのまとまりになっていることがわかるだろう。プロシージャーの中身の命令部分はプロシージャー名の行から必ず1回分インデントしよう。

インデントの使い方がわかったら、まずは4行目の命令から見ていこう。「Dim ○○」とあるのは、値を保存する「変数」というものを宣言している。次からは変数について解説していこう。

インデントでプログラムを見やすく

インデントあり

```
Option Explicit

Sub MyFirstProc()
    Dim ObjectA1 As Object
    Set ObjectA1 = Range("A1")

    ObjectA1.Font.Size = 25

End Sub

Sub LoopProc()
    Dim i As Integer
    For i = 1 To 10
        Cells(i, 1).Interior.ColorIndex = 1
    Next i
End Sub
```

プロシージャーの範囲がひと目でわかる

インデントなし

```
Option Explicit

Sub MyFirstProc()
Dim ObjectA1 As Object
Set ObjectA1 = Range("A1")

ObjectA1.Font.Size = 25

End Sub

Sub LoopProc()
Dim i As Integer
For i = 1 To 10
Cells(i, 1).Interior.ColorIndex = 1
Next i
End Sub
```

どこからどこまでがプロシージャーかが判断しにくい

本項で解説するコード

```
Option Explicit

Sub MyFirstProc()
    Dim ObjectA1 As Object
    Set ObjectA1 = Range("A1")
    ObjectA1.Font.Size = 25
End Sub
```

変数の宣言

インデントが1回分入っている

プログラミングの要「変数」について知ろう

プログラミングを学ぶ上で、最初の難関となるのが「変数」と「代入」だ。この言葉、実は中学時代の数学でも出てきている。「y=3x」のような数式に見覚えはないだろうか？この数式における「x」や「y」のように、**使用する値が明確に決まっていないもののことを「変数」と呼ぶ**。また、「x=5のとき、yの値を求めよ」といった問題文における「x=5」のように、**変数に特定の値を当てはめることを「代入」という**。

一方、プログラミングにおける変数とは、数値や文字列などの値を一時的に記憶するための容器を指す。こう書くと難しそうに思えるが、変数に1や10などの値を代入し、計算式の中で使えるところは同じだ。数学と違うのは、変数に代入できるのが数値だけでなく、文字やセル自体、果てはシートやブックなど何でもありというところだ。

変数を使うと、プログラムが読みやすくなる。たとえば、プロシージャーの中に「500×10」の計算結果を求める命令があるとしよう。これだけでは、この掛け算がプログラムの中で何を意味しているのかわからない。しかし、500を「価格」、10を「個数」という変数に代入すればどうだろうか？「価格×個数」という命令になり、「合計金額を求めるための式」だということがぐっとわかりやすくなる。このように変数は、**単なる値に名前を付けることで意味を持たせ、プログラムの読みやすさを高める役割**を持っている。

　また、プログラムに変数を使うことで、**複数の箇所で同じ値を使い回しやすくなる**。価格の数値をあとで変更することになっても、「価格」に代入する数値だけ直せば、「価格×個数」など変数を使った命令部分を変更する必要はない。

　エクセルの数式で考えてみるとわかりやすい。「=A1+10」のように数式にセル参照を使えば、セルA1の数値が1から5に変わっても、数式の計算結果も自動的に11から15に変化する。これと同じ理屈だ。

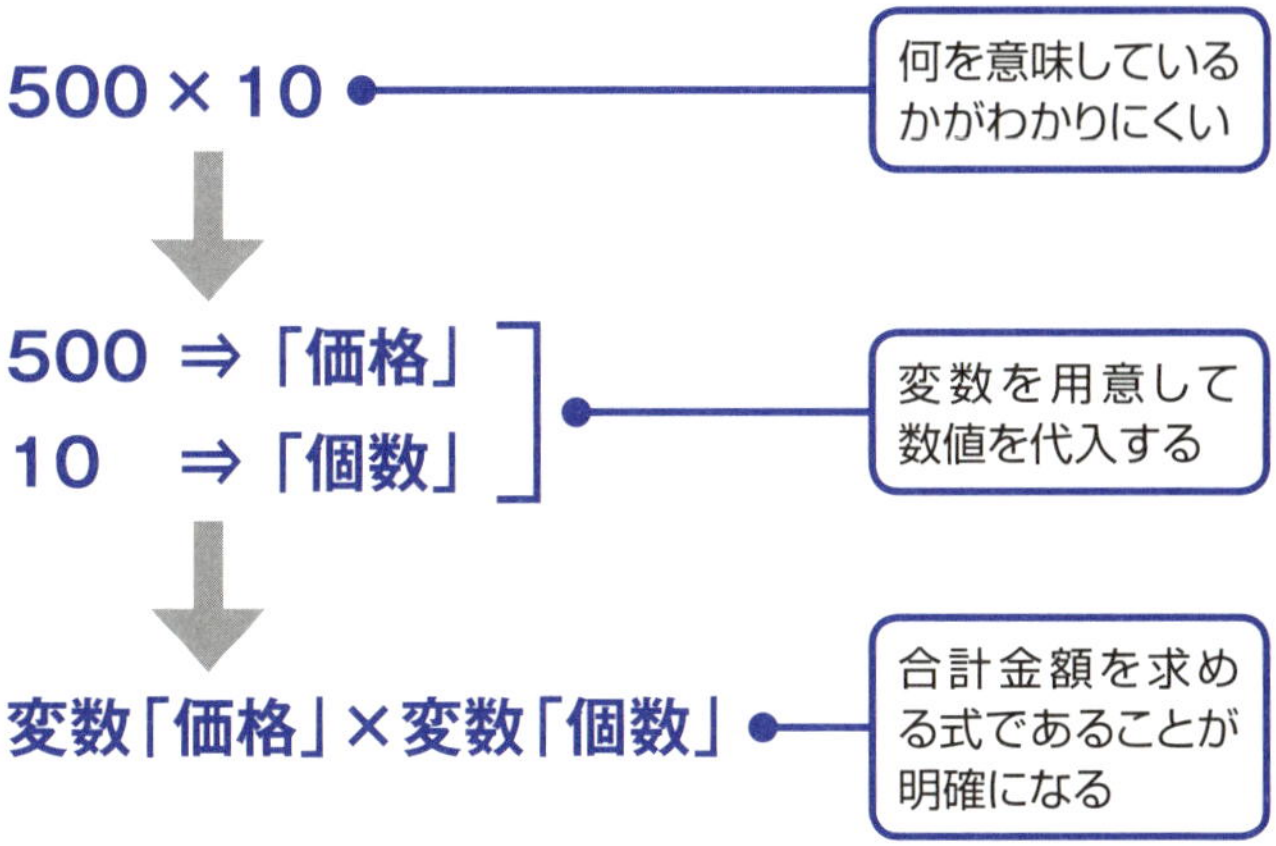
500×10
何を意味しているかがわかりにくい
500 ⇒「価格」
10 ⇒「個数」
変数を用意して数値を代入する
変数「価格」×変数「個数」
合計金額を求める式であることが明確になる

変数を宣言しよう

変数の意味を理解したところで、ふたたび4行目（41ページ参照）の命令を見てみよう。VBAで変数を使うには、最初に「このプロシージャーでは○○という変数を使います！」とエクセルに伝えないといけない。これを「**変数の宣言**」という。4行目の命令では、変数の宣言を行っているわけだ。

ちなみに1行目に追加される「Option Explicit」は、変数の宣言を強制するための命令である。VBAは宣言しなくても変数を利用できるのだが、それでは間違った変数名を入力してもエラーにならないため、誤りに気付きにくい。それなら、変数の宣言を強制し、誤った変数名を入力することができないようにしよう。

変数の宣言をしている4行目にある**Dimは変数を作る命令で、半角スペースをはさんでDimの後ろに入力した文字が、変数名となる**。変数名は、プロシージャー名と同様、アルファベット、ひらがな、漢字、数字、アンダーバーが使用できる。名前には、何の値を表すか明確にわかる「price」や「値段」のような名詞を使おう。数学のようにxやy、zといった名前を付けていると、あとでソースコードを読み直したときに混乱を招く。

変数を宣言する構文

構文

```
Dim 変数名
```

変数を宣言する構文。以降の行で使う変数を宣言する。Dimのあとに半角スペースを空けて入力した文字列が、変数の名前となる

例文: `Dim ObjectA1 As Object`

変数名として使えないキーワードもある

一部のキーワードはVBAが別の意味で使用しているため、変数名に使えない。別の名前を付け直そう

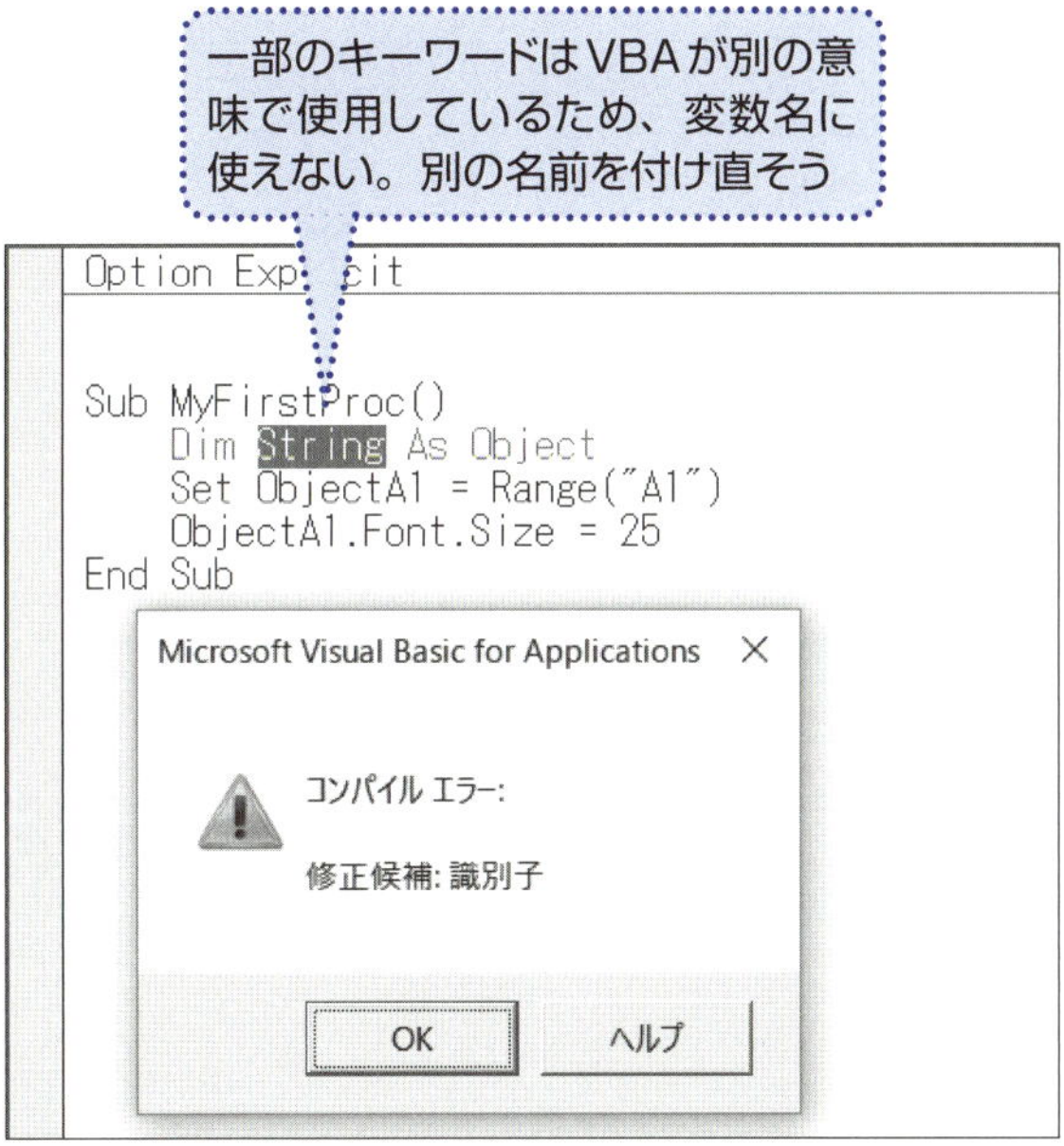

SECTION 09

変数には出し入れするものによって「型」がある

必読

変数の型を明示する「As」

Dimで変数を宣言することはわかったが、変数名の後ろに書かれてある「As Object」ってどういう意味なのだろう？——本項ではこの疑問にお答えしよう。46ページでも説明したように、変数には数値や文字列、セル、ワークシートなど、いろいろな値を入れられる。これは一見便利なように見えるが、ミスが発生しやすい。同じ「20＋20」という命令でも、「20」が数値ならば「40」という結果に、「20」が文字列ならば「2020」という結果になる。この場合、プログラムの実行結果を見るまで、変数の中身がどんなデータなのかわからないので、ミスも探しづらい。

そこで、**変数に入れられる値の種類に制約を設けるのが「As」だ**。プログラミングでは、**値の種類のことを「型」と呼ぶ**。Asの後ろに型を指定すると、その変数には指定した型の値しか入れられなくなる。「ObjectA1 As Object」とすることで「ObjectA1」という変数に、「Object」という型しか入れられないように設定しているわけだ。

型を指定する構文とよく使う型

構文

```
Dim 変数名 As 変数の型
```

Asの後に指定した型の変数が作られる

例文：`Dim ObjectA1 As Object`

型の名前	読み方	意味
Integer	インテジャー	-32,768～32,767の範囲の整数を扱う
String	ストリング	文字列。ダブルコーテーション("")で囲んだテキストが文字列として扱われる
Date	デイト	「2016/10/20」のような日付
Object	オブジェクト	エクセルの操作対象（セルやシート、グラフなど）

型を適用することのメリット

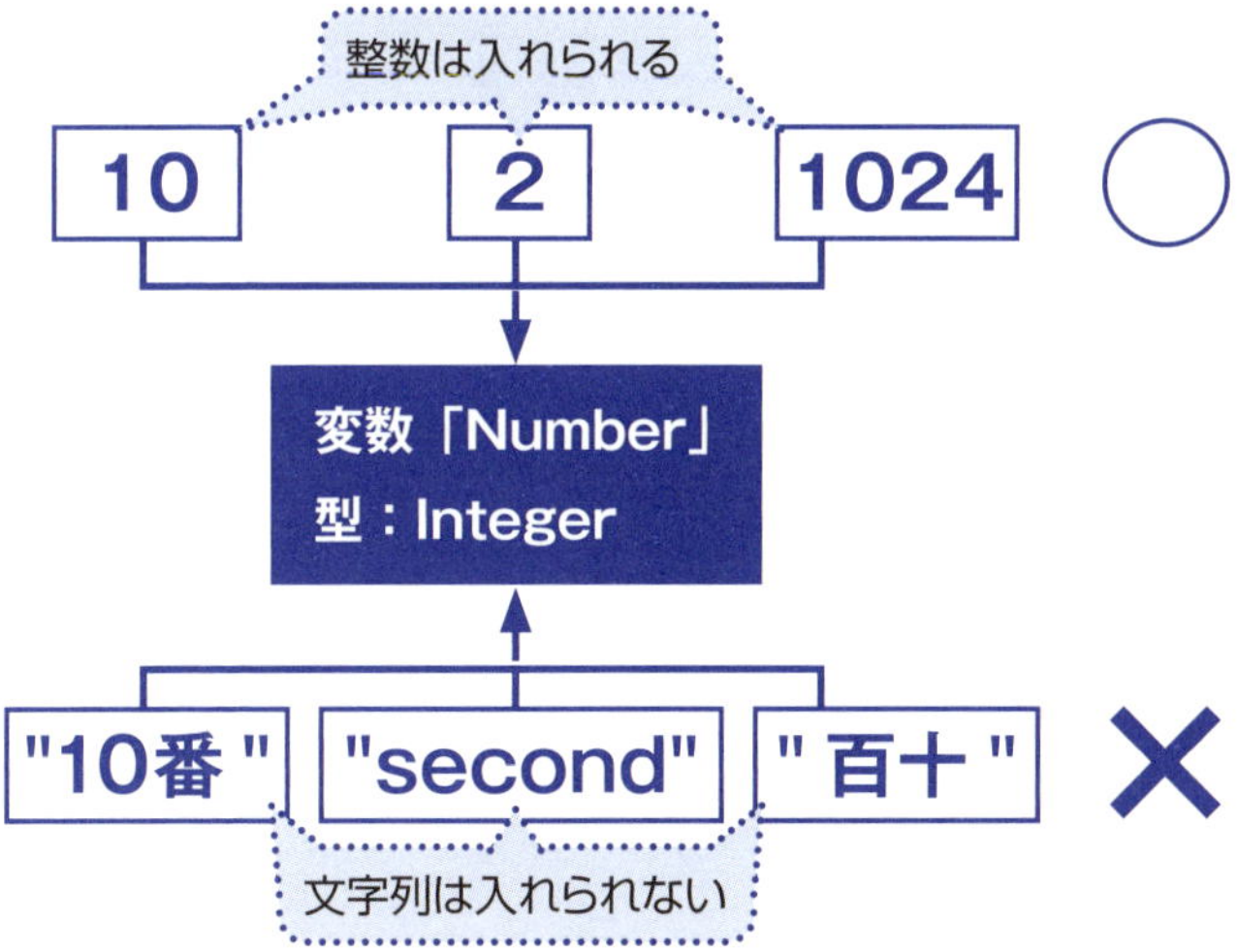

セルやシートなどを表す型、「オブジェクト」

値の種類を表す「型」については、おおよそ理解できたと思うが、ここで気になってくるのが「Object（オブジェクト）」という型だ。これはどういう型なのだろうか。そもそもオブジェクトとは、物体や対象、目的を意味する英単語。VBAにおいては、操作する対象や目的というと……そう、セルやシート、あるいはブックそのものであろう。つまり**Object型とは、VBAの操作対象であるセルやシート、ブックなどを表す型**なのだ。このほかにも、グラフやオートシェイプなどもオブジェクトに含まれる。

今回のサンプルでは、プログラムでセルA1のフォントサイズを変更している。つまり、**操作の対象はセルA1というオブジェクト**となるわけだ。こうしたオブジェクトを扱う変数を作る場合は、変数宣言時の型指定にObject型を指定する必要がある。ちなみにセルを表すレンジ（Range）、シートを表すワークシート（WorkSheet）など、より詳細に操作対象を表すための型もあるが、すべてObject型で代用できるので、本書ではオブジェクトを扱うときはObject型を利用することにする。

VBAで扱えるオブジェクト

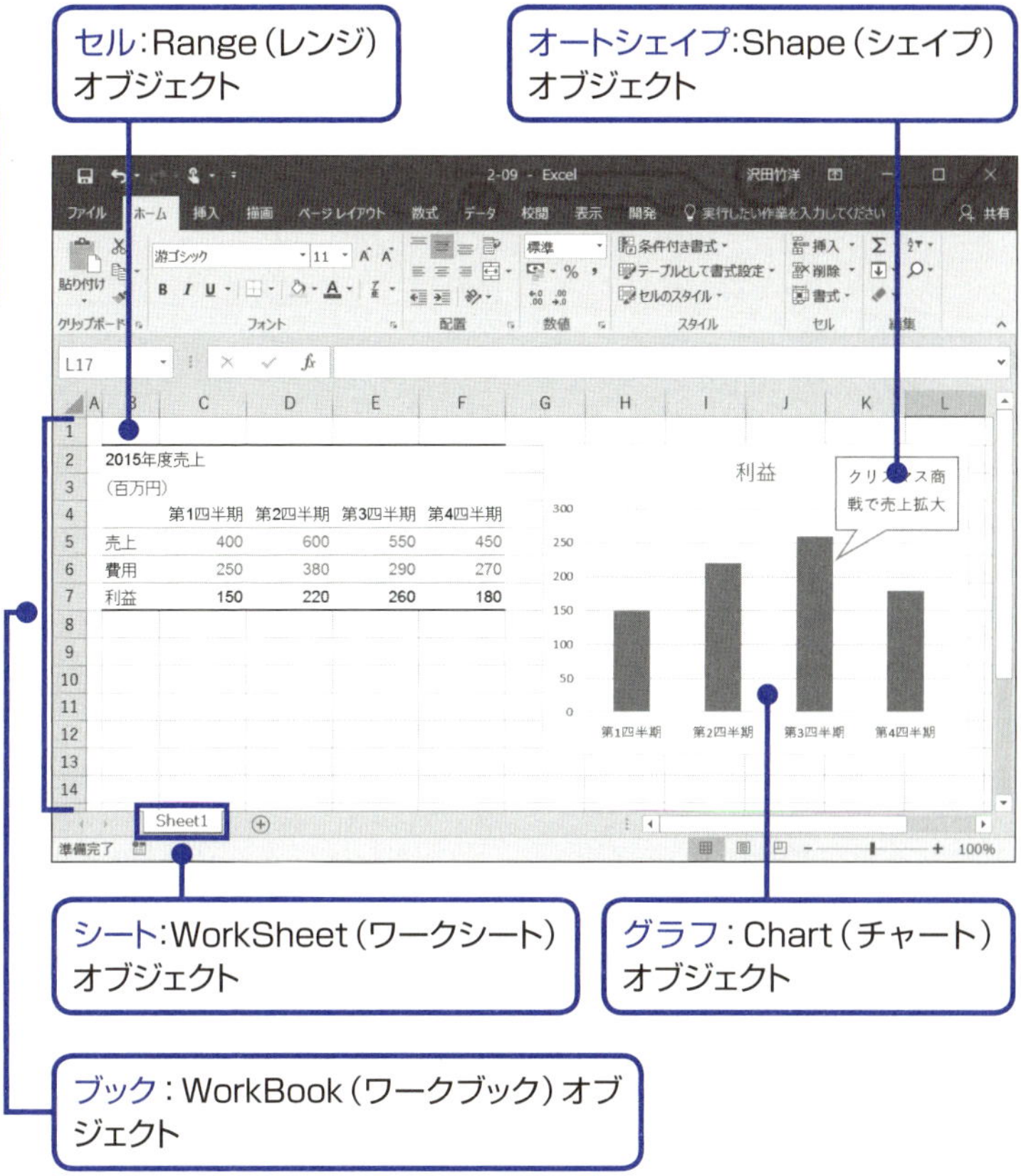

SECTION 10

プログラムでセルを扱えるようにしよう

必読

変数に値を入れよう

本章で作るプログラムの4行目では、「ObjectA1」という名前の変数を宣言し、オブジェクトという値が入ることを指定した。だが変数の中身はまだ空っぽだ。値が入る容器は用意したが、この容器の中に何を入れるかはまた別に命令しなければならない。それを行うのが5行目だ。ここでは、セルA1のオブジェクトを作り、変数「ObjectA1」にそのオブジェクトを入れるという命令をしている。2つのことを一度に考えるのは難しいので、まずはObject型の値の作り方を学んでいこう。

Object型の値を作るときにまず考えないといけないのが、どのオブジェクトを操作するのかということ。セルなのかシートなのかグラフなのか、それとも現在開いているブックそのものなのか。改めてだが、今回のプログラムではセルA1に対し、フォントサイズを25にするよう命令している。ということは、作らないといけないのはセル番地A1のセルのオブジェクトということになる。

本項で解説するコード

```
01  Option Explicit
02
03  Sub MyFirstProc()
04      Dim ObjectA1 As Object
05      Set ObjectA1 = Range("A1")
06      ObjectA1.Font.Size = 25
07  End Sub
```

> セル番地A1のセルのオブジェクトを作成する

3つのステップで変数を作る

❶ 容器(変数)を準備する
⇒ 50～53ページで解説

❷ 値(オブジェクト)を準備する
⇒ 本項で解説

❸ 容器に値を入れる
⇒ 60～63ページで解説

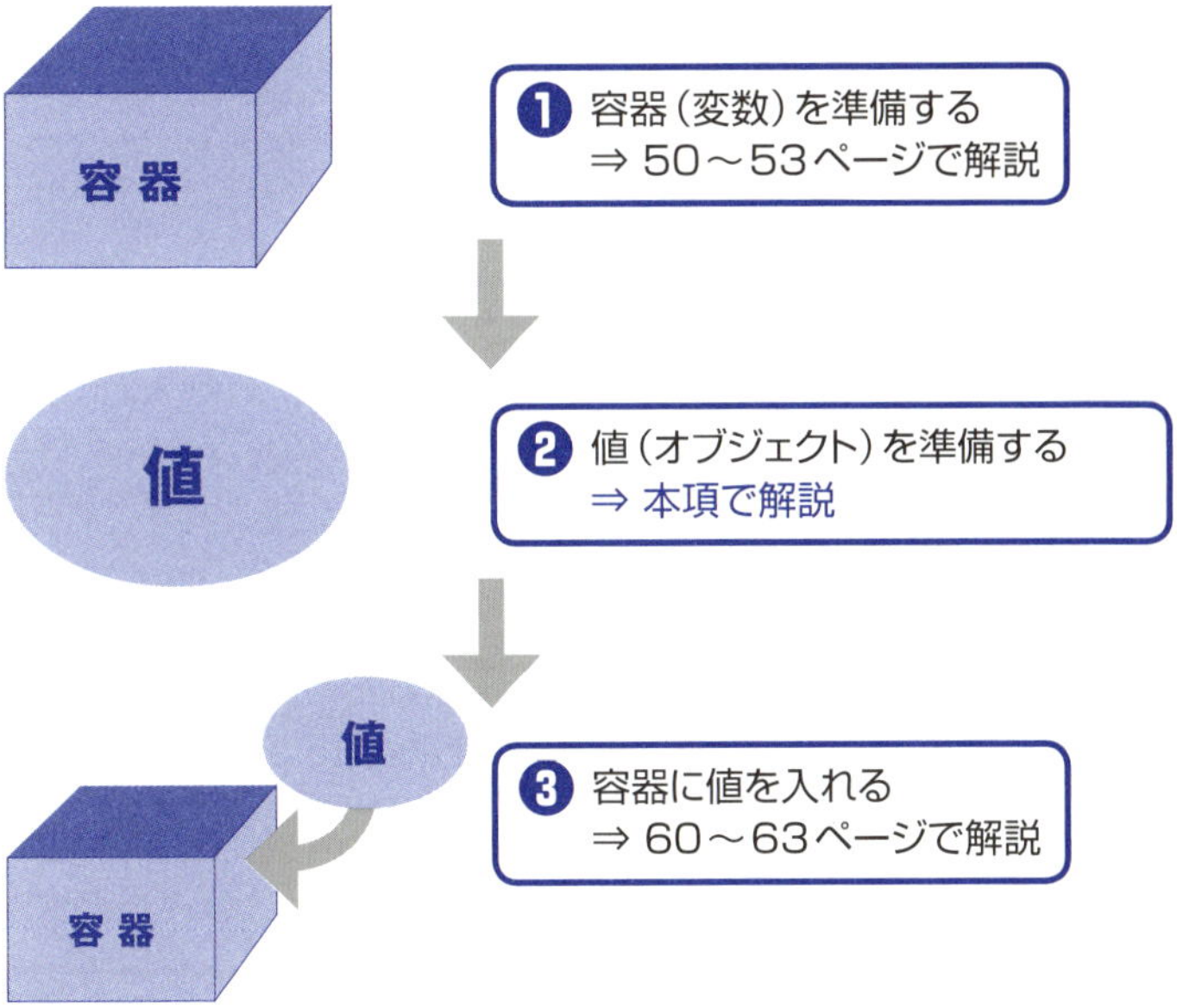

オブジェクトを作る命令を書こう

4行目でObjectA1というObject型変数を宣言した。このObject型変数ObjectA1に、セル番地A1のセルのオブジェクトを代入したい。これをプログラムにする場合、2つのことが必要だ。最初に「セル番地A1のセルのオブジェクトを作成する」、次に「作成したオブジェクトを変数ObjectA1に代入する」ということだ。

ここでは前者の「セル番地A1のセルのオブジェクトを作成する」ことを解説しよう。オブジェクトを作成する命令の書き方だ。

セルのオブジェクトを作成する場合、「Range」というキーワードを使う。このキーワードを使うときには、どのセルのオブジェクトを作成するのかを明示する必要がある。では使い方だ。「Range」の後ろにカッコを追加し、その中にセル番地を指定する。セルA1のオブジェクトを作るなら「Range("A1")」と書けばよい。これだけでセル番地A1のセルのオブジェクトが作成できる。このとき、セル番地はダブルコーテーション（"）で囲むことで指定する。

ちなみにセル番地の指定には、A1、B2のような1つのセルだけでなくA1：C5のような範囲を使うことも可能だ。

セルのオブジェクトを作る

Range("セル番地")

「Range」キーワードに続けて半角のカッコ「( )」を書き、カッコの中にセル番地を指定する。セル番地はダブルコーテーション(")で囲んで指定する

例文: `Set ObjectA1 = Range("A1")`

例	作成されるオブジェクト
Range("A1")	セルA1のオブジェクトを作成する
Range("A1:C5")	セル範囲A1:C5のオブジェクトを作成する
Range("A:A")	A列全体のオブジェクトを作成する
Range("10:10")	10行目全体のオブジェクトを作成する
Range("A1,C3")	セルA1とセルC3のオブジェクトを作成する

セルを操るRangeオブジェクト

ＶＢＡは複雑な計算でも高速に処理できるが、ただ計算するだけでは意味がない。計算結果をエクセルのセルやシートに反映して初めてプログラムに意味が生まれる。このエクセルに反映する窓口となるのがオブジェクトなのだ。中でももっとも多く使うのが、**セルを操るRange（レンジ）オブジェクト**である。

セルに売上の計算結果を挿入したり、背景色を変えたり、文字サイズを大きくしたりといったことは、すべてこのRangeオブジェクトに対して行う。また、逆にRangeオブジェクトから、セルに入力されている数値を取り出して、ＶＢＡ上で計算に使用することも可能だ。いずれにせよ**セルに対して何らかの操作を行うには、必ずこのRangeオブジェクトを利用する**ことになる。

56ページで先述したように、RangeオブジェクトはＡ１：Ｃ５のようなセル範囲を対象にすることも可能だ。この状態でRangeオブジェクトに背景色や文字サイズを変更するよう命令すると、指定したセル範囲すべてに反映される。エクセル上で複数のセルを選択した状態で書式を変更するのと同じ感覚だ。

オブジェクトを介して命令をセルに反映

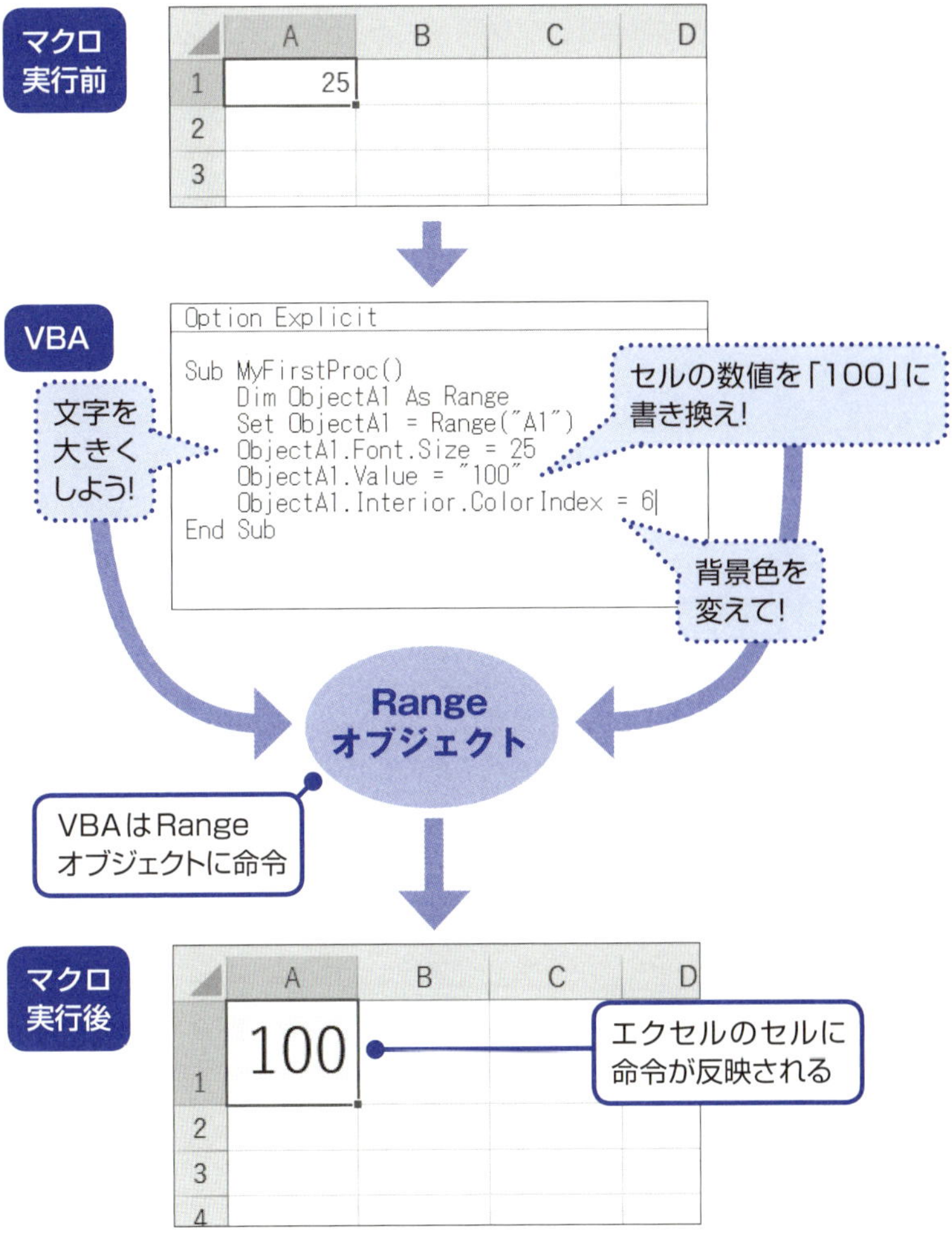

SECTION 11

「=」は「イコール」ではない!?

必読

変数に値を入れる「代入」

59ページまででセル番地A1のオブジェクトは作成できた。今度はサンプルコードの5行目で、オブジェクトをどうやって変数に入れるのかを見ていこう。

算数や数学で等号記号「=」は、左辺の値と右辺の値が同じという意味で使われるが、プログラミングの場合は異なる。**右辺の数値や文字列などを、左辺の変数に入れるという意味で使われる。**変数に値を入れた結果、左辺と右辺の値が等しくなる……と考えるとわかりやすいだろうか。このように**「=」を使って変数に値を入れることを、プログラミングの用語で「代入」と呼ぶ。**

代入について覚えておきたいポイントは2つある。1つは、**中身が変わるのは必ず「=」の左辺**だということ。右辺に置いた値は変化しない。また、変数に値を代入したあと、さらに別の値を同じ変数に代入しても、変数の中に2つの値が含まれることにはならない。**最後に代入した値が変数の値になる。**

本項で解説するコード

```
Option Explicit

Sub MyFirstProc()
    Dim ObjectA1 As Object
    Set ObjectA1 = Range("A1")
    ObjectA1.Font.Size = 25
End Sub
```

変数に値を代入

変数に値を代入する構文

構文

変数 = 値

「=」の左辺に変数、右辺に数値や文字列などの値を書く

例文：Set ObjectA1 = Range("A1")

```
Dim 個数 As Integer
個数 = 3
個数 = 5
```

変数「個数」に「3」が代入される

最初に代入された「3」は破棄され、変数「個数」には「5」が代入される

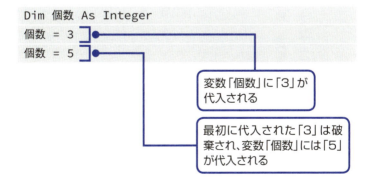

変数にオブジェクトを代入する「Set」

「＝」で変数に値を代入できるということはおわかりいただけたかと思う。しかし、サンプルコードの5行目では、変数の前に「Set」というキーワードが使われている。これはどういう役割を持っているのだろうか？

実は、「＝」だけで代入できる値は、文字列、数値などに限られる。「＝」だけでは、変数にセルやシートなどのオブジェクトを代入することができないのだ。**オブジェクトを変数に代入するには、代入する命令の行頭に「Set」と記入する必要がある。**逆に、文字列や数値を代入するときに「Set」を使うことはできない。この使い分けは混乱を招きやすいので注意したい。「**変数でセルやシートを扱うときだけSetを使う**」と覚えておくとよいだろう。

VBAでセルの値を変更したり、書式を変えたりする場合、**最初にObject型の変数を宣言する。次に操作対象のセルのオブジェクトを作成して変数に代入する。**あとはセルのオブジェクトが代入されたObject型の変数を使って、セルを操作すればよい。

変数にオブジェクトを代入する構文

構文

```
Set 変数 = オブジェクト
```

オブジェクトを変数に代入するときは、命令の行頭に「Set」を書く

例文：Set ObjectA1 = Range("A1")

Setを使うのはオブジェクトの代入時だけ

○

```
Dim sample As Object
Set sample = Range("A1:C5")
```

オブジェクトの正しい代入

×

```
Dim sample As Object
sample = Range("A1:C5")
```

オブジェクトを代入するときは行頭に「Set」が必要

×

```
Dim sample As Integer
Set sample = 3
```

数値や文字列を代入するときは「Set」が不要

SECTION 12

オブジェクトを利用して文字の大きさを変更しよう

必読

VBAで設定を変更するイメージをつかもう

ここまでのページでは、サンプルコードの4行目で変数を宣言し、5行目でセルA1オブジェクトを作って変数に代入していることを説明した。最後の命令となる6行目では、オブジェクトを利用してフォントサイズを変更する。今回はこの6行目を見ていこう。

コードの解説を始める前に、ひとつ確認しておきたいのが、エクセルのセルには、さまざまな設定（書式）があるということだ。セルには、背景色、文字の色、フォントやフォントサイズなど、実にさまざまな設定があり、いつでもこの設定は変更できる。

6行目のコードでは、VBAを使って、セルの設定（ここではフォントサイズ）を変更しているのだ。

本項で解説するコード

```
Option Explicit

Sub MyFirstProc()
    Dim ObjectA1 As Object
    Set ObjectA1 = Range("A1")
    ObjectA1.Font.Size = 25
End Sub
```

セルはさまざまな設定を持っている

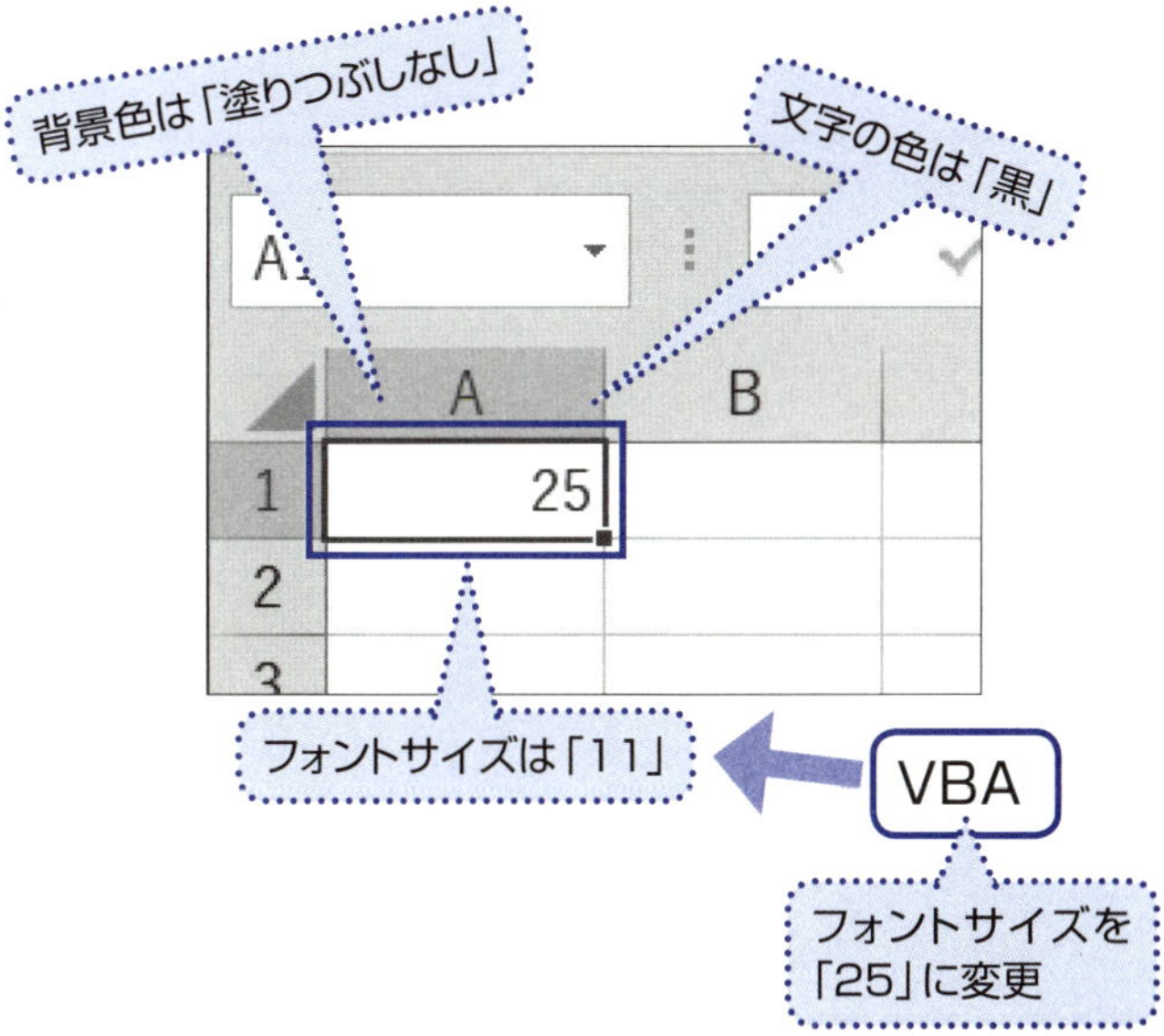

オブジェクトを介してセルの設定にアクセスする

サンプルコードの6行目を改めて見てみると（65ページ参照）、作成したObject型変数ObjectA1の後ろに「.（ドット）」を付けて、「Font.Size」と書かれている。このように、Object型変数にドットを付けることで、そのオブジェクトが持つさまざまな情報や設定を取得することができる。変数ObjectA1には、セルA1のRangeオブジェクトが代入されているので、変数ObjectA1にドットを付けることで、セルA1の情報や設定を取得することができるということだ。

Rangeオブジェクトが持つ情報や設定は幅広い。この中には、オブジェクトも含まれている。「オブジェクトが持つ情報にオブジェクト？」と混乱するかもしれない。**実はオブジェクトには上下関係があり**、たとえばフォントに関する情報と設定を持つFontオブジェクトは、Rangeオブジェクトの下にぶら下がっている。そして、Fontオブジェクトが持つ情報や設定の中にフォントサイズが含まれている。

つまりは、フォントサイズを変更する場合、「ObjectA1.Font.Size」のように、Rangeオブジェクトにドットを付けて、Fontオブジェクトを取得して、さらにFontオブジェクトにドットを付けてフォントサイズを取得するというしくみなのだ。

オブジェクトを操作する構文

構文

オブジェクト変数．オブジェクトの情報

ドット(.)を付けてオブジェクトの情報や設定を取得する

例文：`ObjectA1.Font.Size = 25`

Rangeオブジェクトに付随するオブジェクト

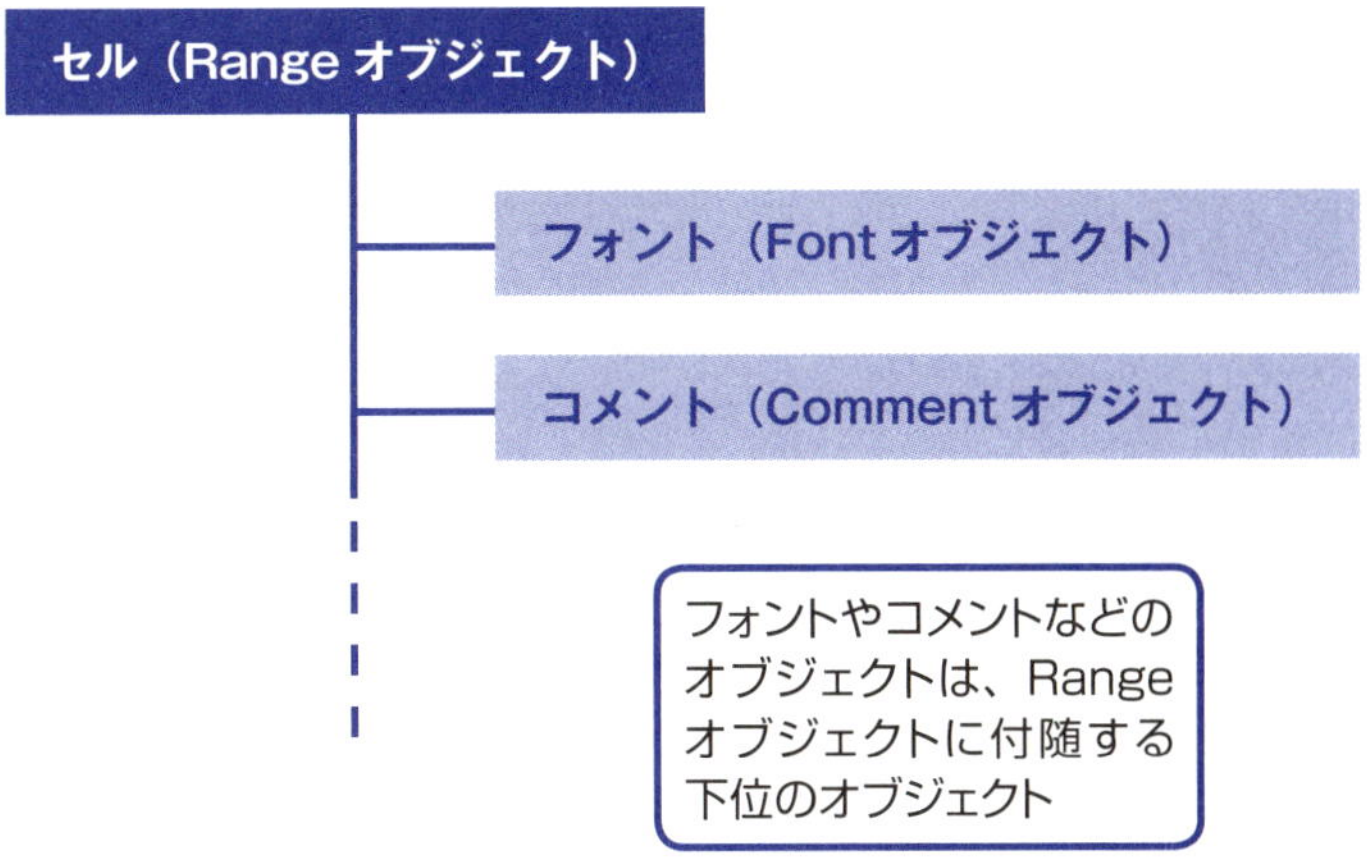
セル（Rangeオブジェクト）
フォント（Fontオブジェクト）
コメント（Commentオブジェクト）
フォントやコメントなどのオブジェクトは、Rangeオブジェクトに付随する下位のオブジェクト

フォントのサイズを取得する

オブジェクトに対する命令の書き方がわかったところで、ソースコード6行目の「=」左辺「ObjectA1.Font.Size」で何をしているのか見ていこう。

まず「ObjectA1」はオブジェクト変数だ。この変数の中にはセルA1のRangeオブジェクトが代入されている。セルA1のフォントのサイズを変更するため、Rangeオブジェクトの下位のFontオブジェクトを取得したい。フォントサイズを変更するには、Fontオブジェクトが必要だからだ。

最初に、オブジェクト変数ObjectA1の後ろにドットを付けて、Fontオブジェクトを表す「Font」と入力する。これでFontオブジェクトが取得できた。続いて、Fontオブジェクトからフォントサイズを取得する。

フォントサイズはFontオブジェクトが持つ「Size」を取得することで変更できる。そこでFontの後ろにドットを付けて、フォントサイズの設定「Size」と入力する。

「ObjectA1.Font.Size」と2つのドットを使うことによって、RangeオブジェクトからFontオブジェクトを介してフォントサイズが取得できた。

フォントサイズを取得するイメージ

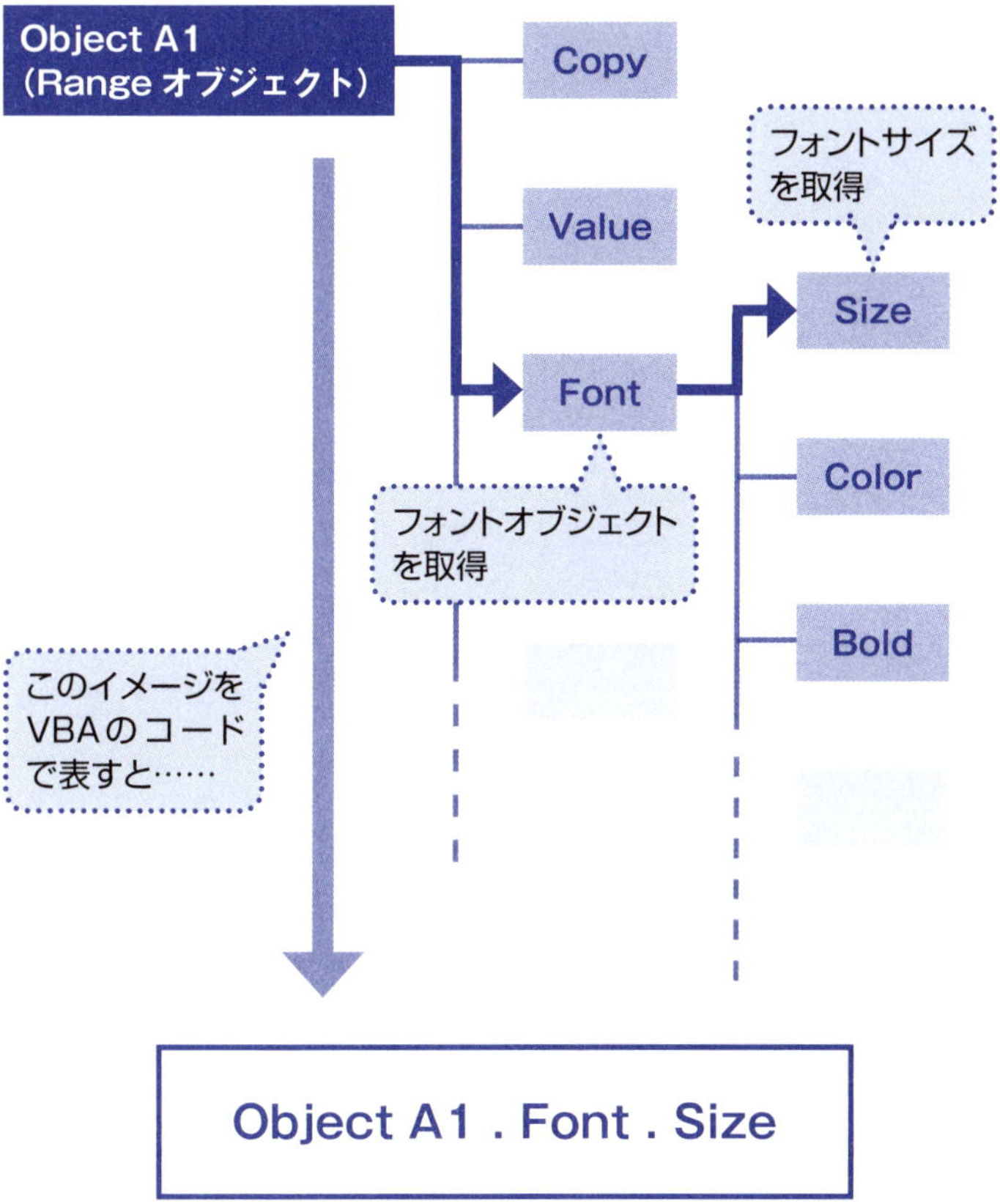

フォントサイズの設定を変更しよう

66ページで「オブジェクトの後ろにドットを付けると、オブジェクトの情報を取得できる」と説明をした。「ObjectA1.Font.Size」の命令は〝オブジェクトの情報を取得〟する命令で、セルA1のフォントサイズである「11」という数値が得られるわけだ。

だが、今回はフォントサイズの情報を得たいのではなく、フォントサイズを「25」に変更したい。このような場合は、**オブジェクトの情報を取得する命令に、数値や文字列を代入してしまえばよい**。これで、オブジェクトの設定を変更することができる。今回の例であれば、セルA1のフォントサイズを取得する命令に「25」という数値を代入することで、フォントサイズを25に変更している。

セル（Rangeオブジェクト）にはフォントのほかにも罫線や背景色、文字の色、表示形式などさまざまな設定がある。いずれもフォントサイズの設定と同様に、オブジェクトの情報を取得する命令に対して、数値や文字列などで設定値を指定し、代入することで設定を変更する。

代入の方法は変数と同様で、真ん中に「=」を置いて左辺に設定を変更するものを、右辺に代入する値を書く。今回の場合は、左辺に置くのは、フォントサイズの情報を取得する「ObjectA1.Font.Size」となる。また、代入するのは「25」という数値だ。

オブジェクトの設定を変更する構文

構文

オブジェクト変数.オブジェクトの情報 = 値

オブジェクトの情報を取得する命令の後ろに「=」を書き、右辺に設定値を書く。右辺に書いた値に、オブジェクトの設定値が変更される

例文：ObjectA1.Font.Size = 25

フォントサイズを変更する

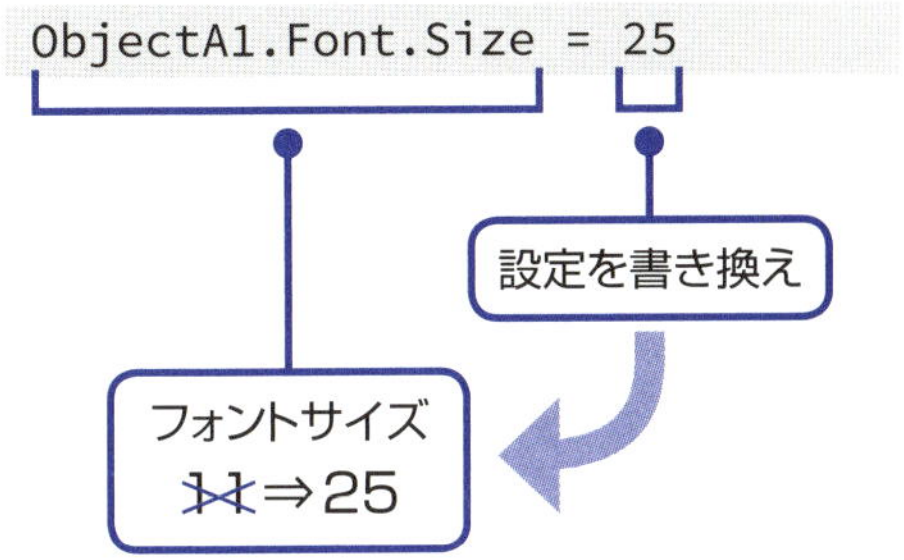

SECTION 13

ここまで学んだプログラムを動かしてみよう

必読

今回作ったプログラムの復習

71ページまでの説明で、2章で作るプログラムは完成した。最後にプログラムの内容を振り返り、実際にプログラムを動かしてみよう。

サンプルコードの3行目ではプロシージャーを作った。「Sub」から「End Sub」までがひとつのプログラムとなる。4行目では変数の宣言を行っている。「Dim」は変数を作るための命令だ。変数名の後ろに「As」キーワードを追加すると、変数に入る値の種類「型」を指定することが

```
03  Sub MyFirstProc()
04      Dim ObjectA1 As Object
05      Set ObjectA1 = Range("A1")
06      ObjectA1.Font.Size = 25
07  End Sub
```

03行目：プロシージャーを作る（40ページ参照）

04行目：変数を宣言する（44ページ参照）データ型を指定する（50ページ参照）

05行目：オブジェクトの作成（54ページ参照）変数に値を代入する（60ページ参照）

06行目：オブジェクトの設定を変更する（64ページ参照）

できる。今回のプログラムでは、セルやワークシートなどを表す「Object型」を指定している。4行目で宣言した変数に値を代入しているのが5行目の命令だ。代入には等号記号「=」を用いる。また、変数にObject型の値を代入するときは、命令の行頭に「Set」キーワードを追加しなければならない。

最後の命令となる6行目では、セルのフォントサイズを変更している。オブジェクトの情報を取得したり、何らかの動作を指示したりするには、オブジェクト変数の後ろにドット(.)を付けて、適切なキーワードを書く。また、オブジェクトの情報を取得する命令に文字列や数値を代入することで、設定を変更することができる。フォントサイズもこれで変更可能だ。

それでは実際にプログラムを実行してみよう。VBEからエクセルに画面を切り替えて、「開発」タブの「マクロ」をクリックする。するとマクロダイアログボックスが表示されるので、作成したプロシージャーを選択して、「実行」をクリックしよう。これでセルA1のフォントサイズが25に設定される。

プログラムを実行する

❶「開発」タブの「マクロ」をクリック

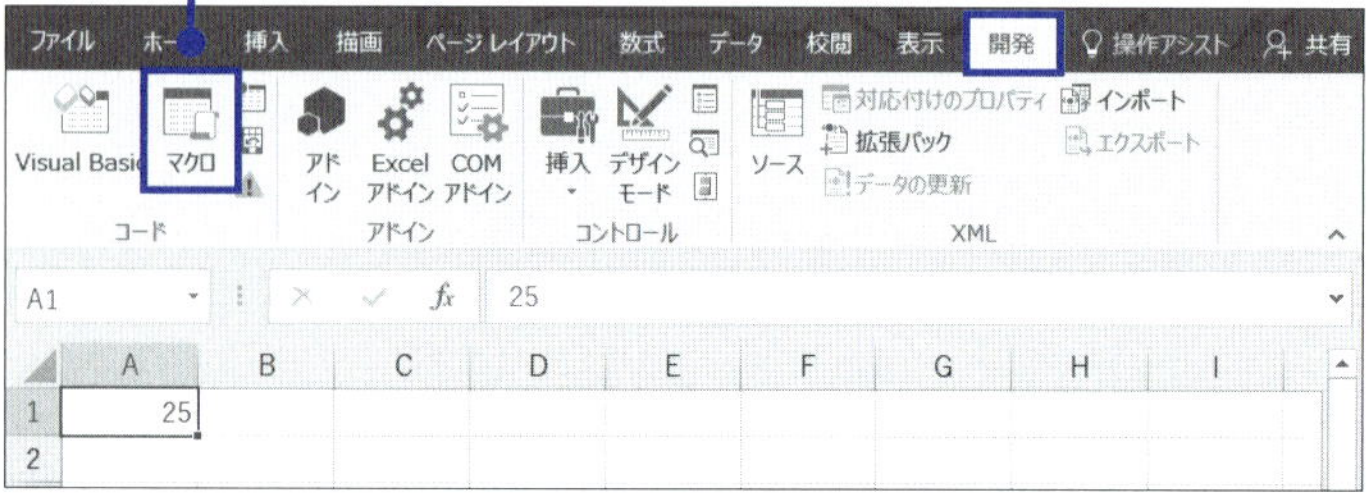

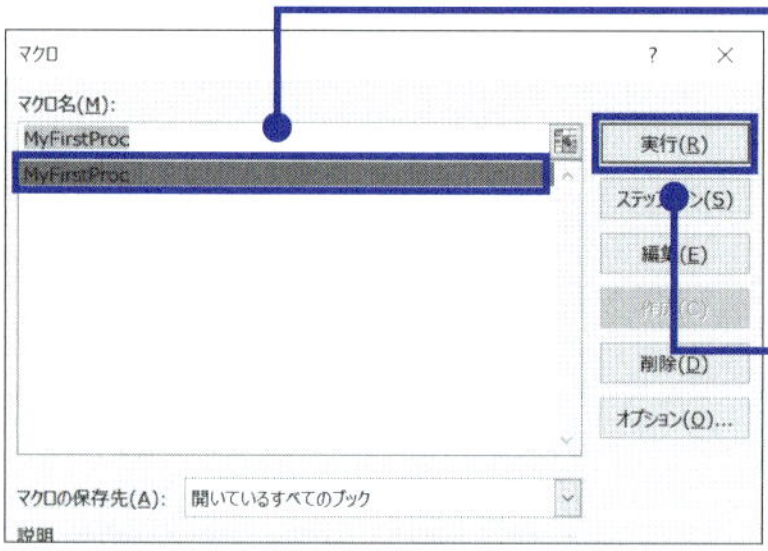

❷ 実行したいプログラムを選択

❸「実行」をクリック

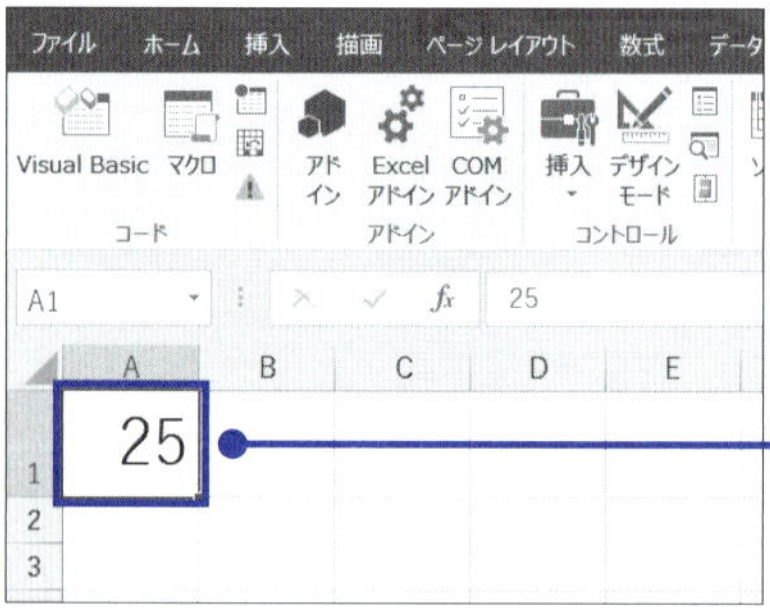

❹ フォントサイズが変わった

3章

条件分岐と繰り返しを理解する

SECTION 14

この章で解説するプログラムを見てみよう

必読

条件分岐と繰り返しを理解しよう

2章ではVBAの基本的な書き方を学習した。あとはプロシージャーの中にセルに対する命令を書き連ねていくだけでも、充分プログラムによる効率化を図れる。

だが、ここまでで学んだ書き方では、VBAで書かれた命令は1行ずつ上から下に順番どおり実行されていく。場合によって一部の命令を飛ばして実行したり、同じ命令を何度も繰り返し実行したり、ということは実現できない。そこで3章では、こうした処理をプログラムで実現するためのしくみ「**条件分岐**」と「**繰り返し**」を解説する。

条件分岐とは、条件を満たすか満たさないかによって処理内容を変えるしくみのこと。たとえば、冷蔵庫を開いて卵の数を確認し、残りが4個未満ならスーパーで買い足し、4個以上あるなら何もしない。我々がふだん何気なく行っているこうした判断こそ、条件分岐なのだ。3章で作る1つ目のサンプルプログラムでは、セルB1に値が入力されている場合はその値そのものを、未入力の場合は「値が入っていません」と画面に表示する。

3章で作る2つ目のプログラムでは、**決めた回数分同じ処理を反復する「繰り返し」**のしくみを利用し、セルA1からA10までの背景色をひとつずつ黒に設定している。処理する内容自体は同じだが、操作対象となるセルが少しずつ変わっているのがポイント。**繰り返しの考え方を理解すれば、たくさんのセルやシートに一気に処理を実行できるようになる。**

条件分岐と繰り返しはプログラミングの最重要テクニックといっても過言ではない。この2つをマスターすれば、プログラムの柔軟性が増し、できることがぐっと広がる。2章同様、ひとつひとつの命令をじっくり解説していくので、慌てず少しずつ理解していこう。

条件分岐を使ったプログラム

```vb
01  Option Explicit
02
03  Sub BranchProc()
04      Dim ObjectB1 As Object
05      Set ObjectB1 = Range("B1")
06
07      Dim StrB1 As String
08      StrB1 = ObjectB1.Value
09
10      If StrB1 = "" Then
11          Debug.Print ("値が入っていません")
12      Else
13          Debug.Print (StrB1)
14      End If
15  End Sub
```

セルB1に値が入力されているかどうかで処理内容が変わる

B1に値が入力されている

B1は未入力

表示する文字列を変更する

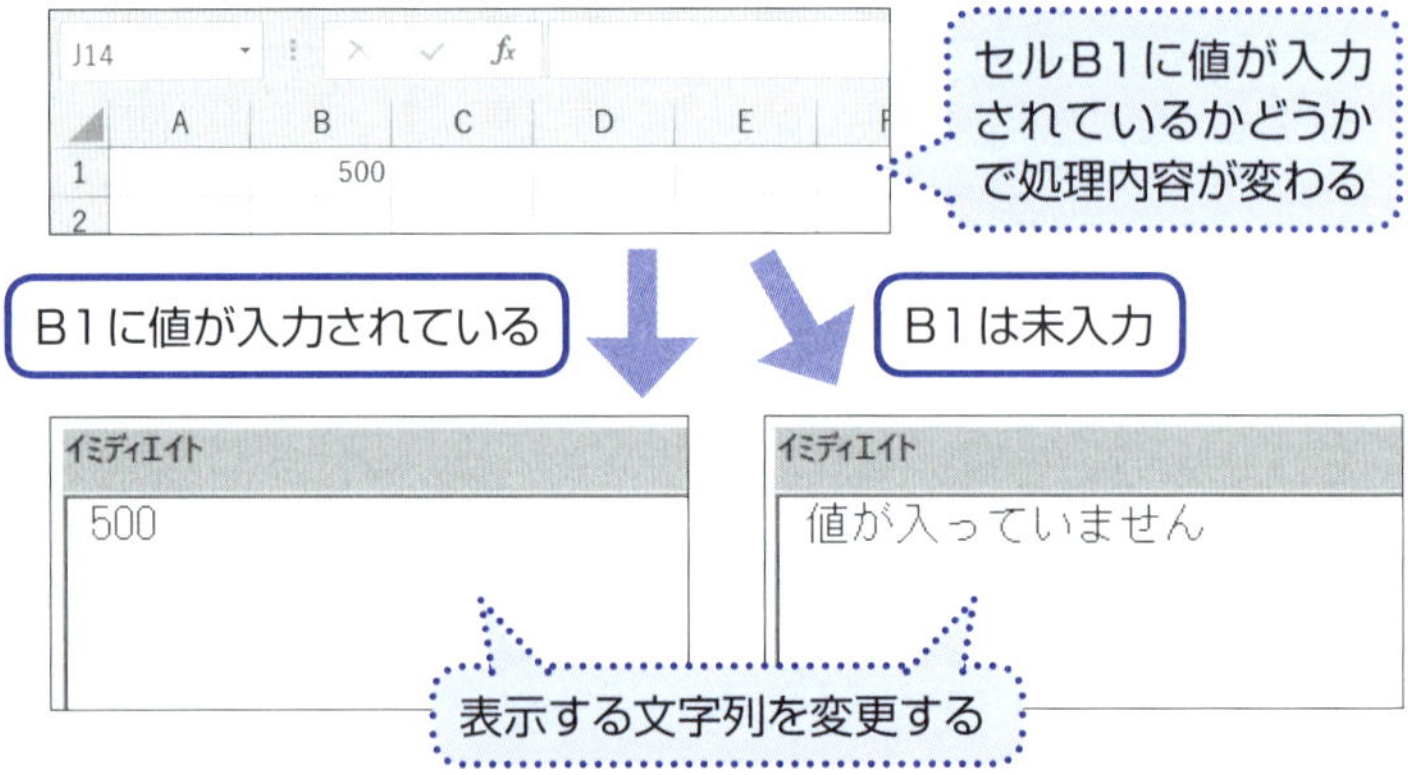

繰り返しを使ったプログラム

```
Option Explicit

Sub LoopProc()
    Dim i As Integer
    For i = 1 To 10
        Cells(i, 1).Interior.ColorIndex = 1
    Next i
End Sub
```

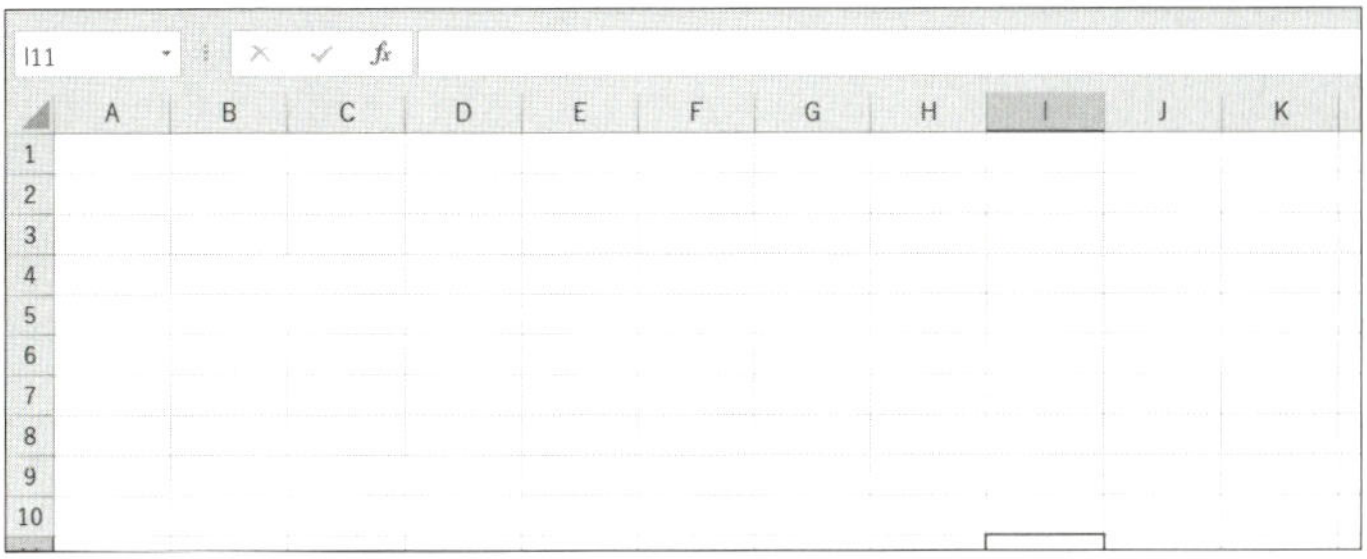

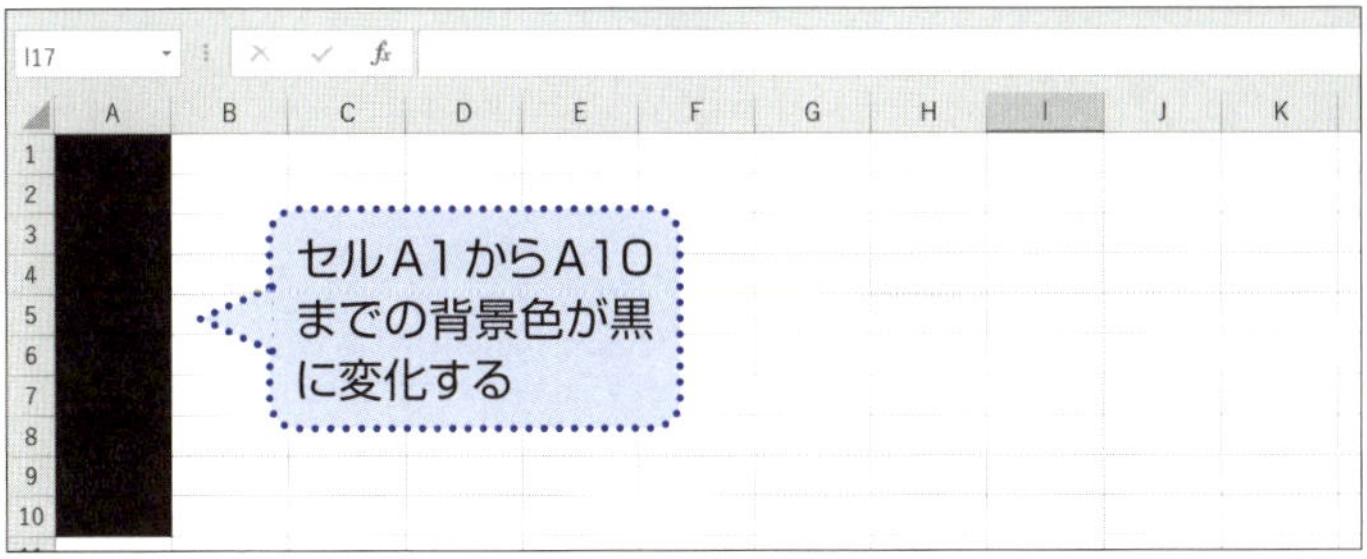
セルA1からA10までの背景色が黒に変化する

SECTION 15

そもそも条件で処理が変わるってどういうこと？

必読

プログラムの動きを柔軟にする条件分岐

2章で作ったプログラムは、書かれた命令を上から順に実行する一方通行の処理しかできない。セルA1に値が入力されていようがいまいが、入力されている値が数値であろうが文字列であろうが、必ずフォントサイズを25に設定するわけだ。だがこれでは、数値が入力されているときだけフォントサイズを変えるようなプログラムは作れない。

VBAでは、このようなときのために、セルに入力されている値や文字の色などの設定を判断して処理内容を変更する機能「条件分岐」が用意されている。**条件分岐とは、プログラムの中で、ある条件が満たされているかどうかで、次に実行する処理を切り替える機能のこと**だ。3章の前半ではこの機能を使ったサンプルプログラムを作る。

このプログラムでは、セルB1に値が入力されているか確認し、入力されている場合は値を画面に出力し、未入力の場合は「値が入っていません」と出力する。

サンプルプログラムの処理内容

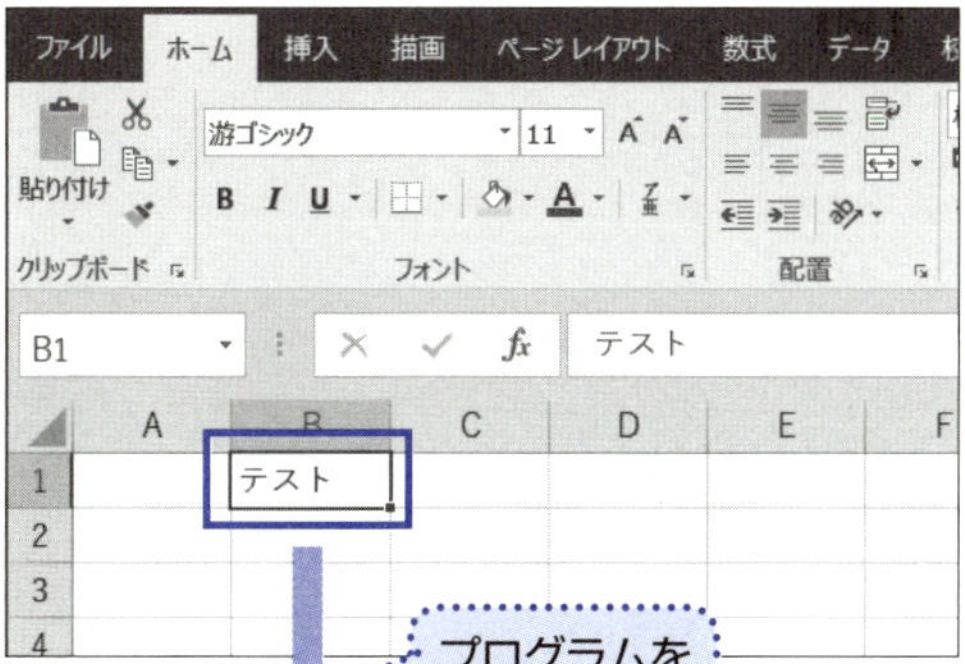

プログラムを実行!

【条件分岐】
セル B1 に値が入力されているかどうかを判定

YES 値が入力されている場合	NO 値が未入力の場合
セルB1の値「テスト」をそのまま出力	「値が入っていません」と出力

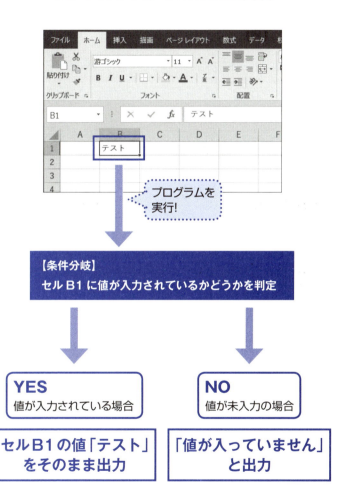

「イミディエイトウィンドウ」を利用しよう

今回のプログラムでは、セルB2の値、もしくは「値が入っていません」という文字列を画面に出力する。このとき問題となるのが、〝どこに〟出力するかだ。セルに書き出すのがいちばん手軽だが、プログラムで使っている値を確認するためだけに、シートの内容を変更するのは好ましくない。誤って保存すると、不要なデータを含むシートになってしまうからだ。

そこで今回は、プログラムの文字列をVBEの「イミディエイトウィンドウ」に出力することにする。**イミディエイトウィンドウは、プログラムの中で使われている変数やオブジェクトの内容を表示するための場所**だ。今回のプログラムは「条件分岐」を学習するため、条件によって表示する文字列を変えるという内容だ。そのため、かんたんに文字列を画面に出力できるイミディエイトウィンドウを利用することにする。

VBEの初期設定ではイミディエイトウィンドウは非表示になっている。メニューバーの「表示」→「イミディエイトウィンドウ」をクリックして、イミディエイトウィンドウを表示しておこう。

イミディエイトウィンドウを表示する

❶ メニューバーの「表示」→「イミディエイトウィンドウ」をクリック

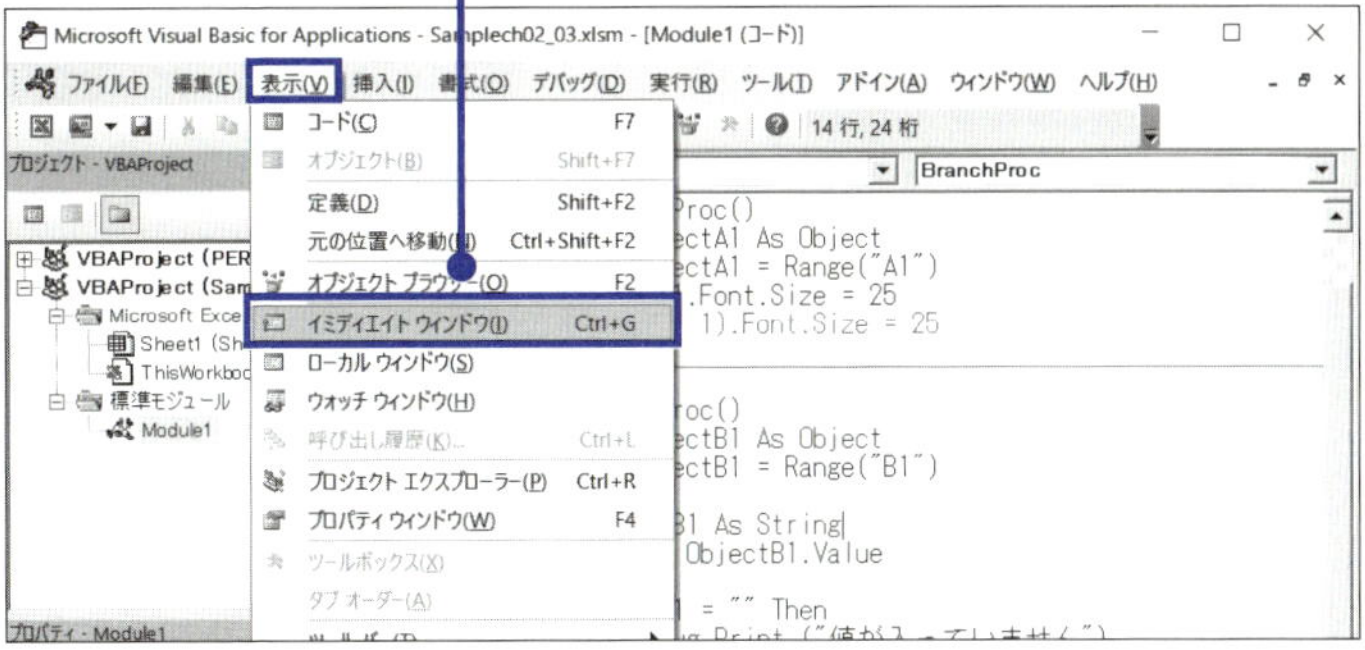

❷ イミディエイトウィンドウが表示された

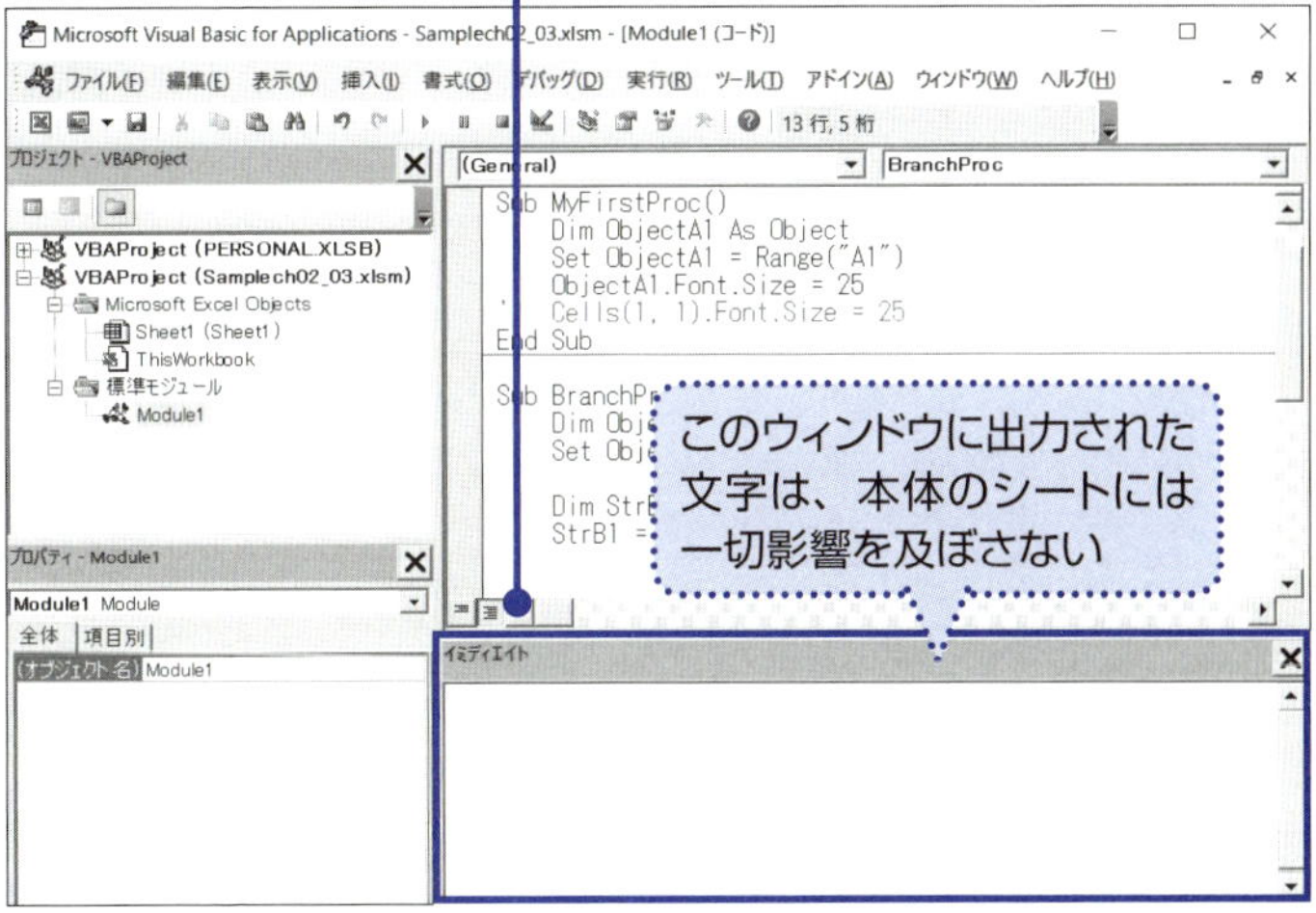

SECTION 16

基本

セルを扱うための変数を復習しよう

変数にセルB1のオブジェクトを代入する

それでは3章の1つ目のサンプルプログラムを見ていこう。まずは復習だ。ソースコードの3行目ではプロシージャーの宣言を行っている。実際にエクセルに対して命令を行うのは4行目以降からだ。4行目ではObject（オブジェクト）型の変数を宣言している。オブジェクトとは、セルやシートなどエクセルの操作対象を総称したものだ。変数の宣言をする際に、「As Object」を付けて、変数の型をObject型に設定する。

セルB1に値が入力されているかを確認するには、セルB1のRangeオブジェクトが必要だ。このオブジェクトを作っているのが5行目だ。「=」の記号の左辺に変数を、右辺に値を書くことで、変数に値を代入できる。オブジェクトを代入する場合は、行頭に「Set」も必要になる。「Range」は指定したセル番地のRangeオブジェクトを作るための命令。これで変数ObjectB1にセルB1のRangeオブジェクトを代入できる。

本項で解説するコード

```
Option Explicit

Sub BranchProc()
    Dim ObjectB1 As Object
    Set ObjectB1 = Range("B1")

    Dim StrB1 As String

```

変数にRangeオブジェクトを代入

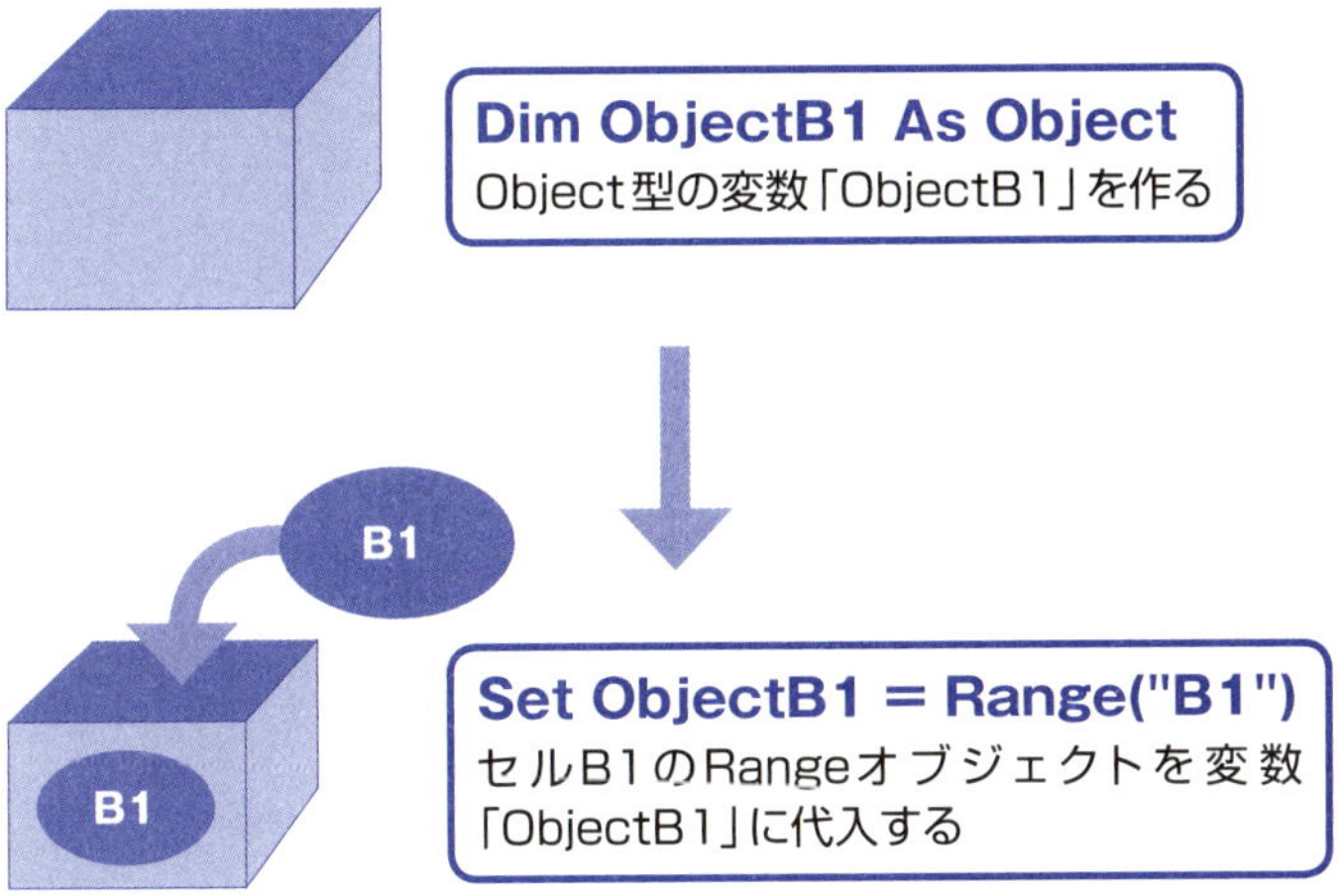

Dim ObjectB1 As Object
Object型の変数「ObjectB1」を作る
B1
B1
Set ObjectB1 = Range("B1")
セルB1のRangeオブジェクトを変数「ObjectB1」に代入する

SECTION 17

文字列を扱う変数とは

基本

文字列を扱う変数を作ろう

セルB1に値が入力されているかどうかを確認するには、変数にセルB1に入力されている値を代入し、その変数の中身が空かどうかをチェックすればよい。そのためにも、7行目ではセルB1の値を代入する変数を宣言する。ここでポイントとなるのが型だ。Object型ではなく、**文字列型を表す「String」型に指定する**。

なぜ文字列型なのだろうか。整数型や日付型などを指定すると、セルB2に入力している値がそれらの型に当てはまらないときに問題が発生する。たとえば、変数の型に整数型「Integer」を指定した状態で、「テスト」と入力されているセルB2の値を代入しようとすると、エラーが起こり、プログラムの処理がそこで中断されてしまう。「テスト」という文字列は整数として解釈できないからだ。数値は文字列として扱うことができるので、文字列型の変数に数値を代入することもできる。そのため、**セルの値を取得するときは、変数のデータ型は文字列型にしておくのが安全だ**。

本項で解説するコード

```

    Dim StrB1 As String
    StrB1 = ObjectB1.Value

    If StrB1 = "" Then

```

文字列型の変数を宣言

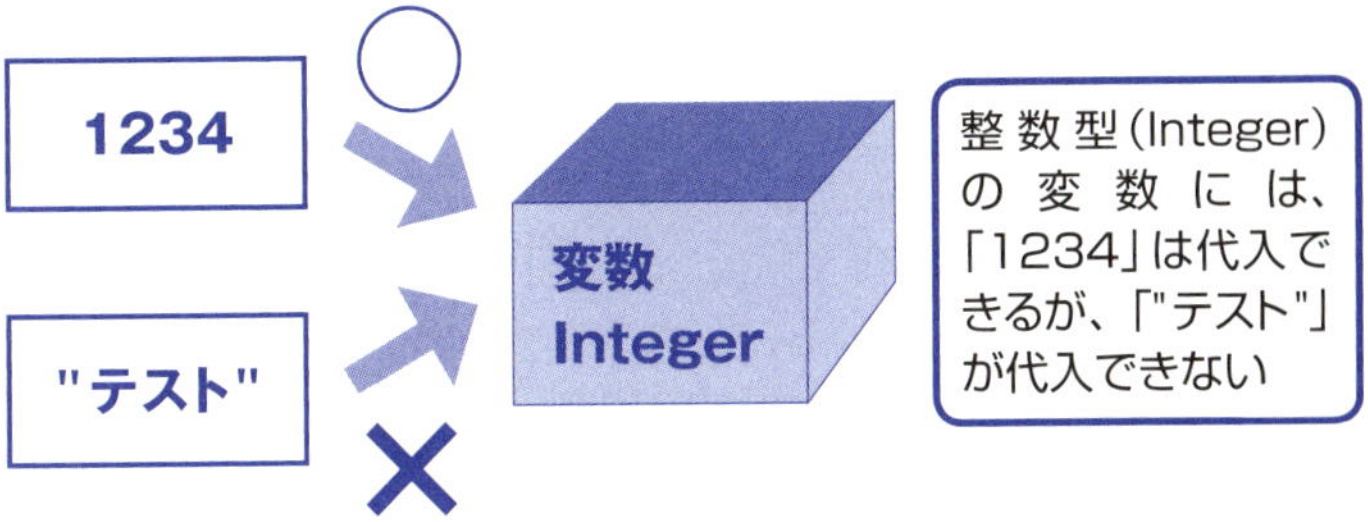
1234
"テスト"
変数
Integer
整数型(Integer)の変数には、「1234」は代入できるが、「"テスト"」が代入できない

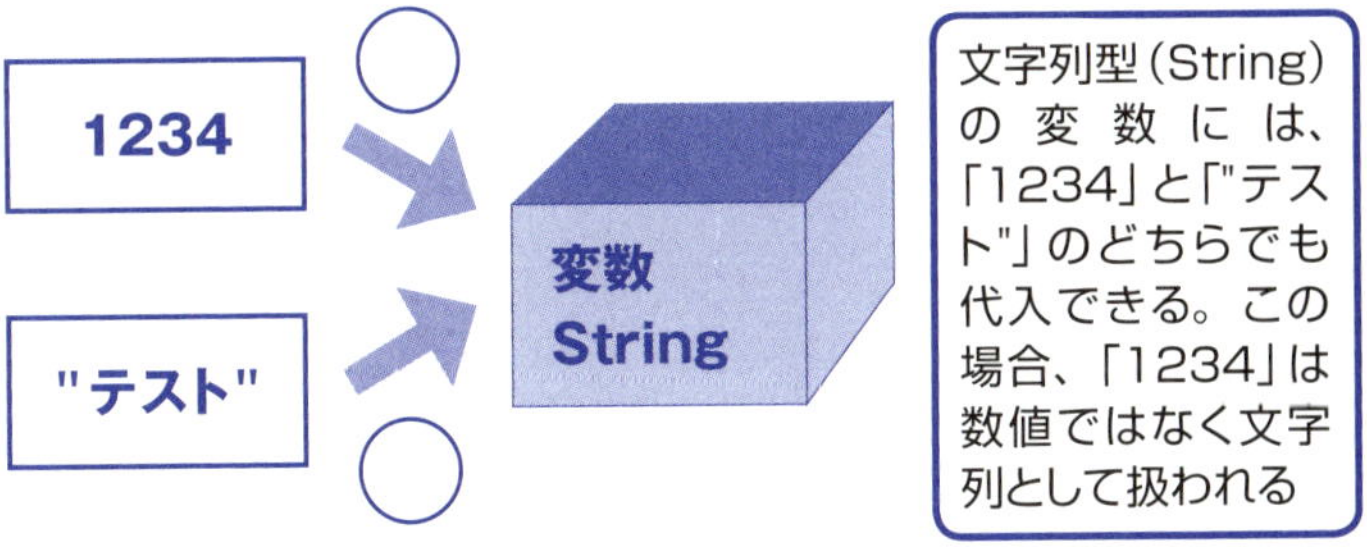
1234
"テスト"
変数
String
文字列型(String)の変数には、「1234」と「"テスト"」のどちらでも代入できる。この場合、「1234」は数値ではなく文字列として扱われる

SECTION 18

セルに入っている値を取り出すにはどうする？

基本

セルの値を変数に代入しよう

変数を宣言したら、その変数に適切な値を代入する。これが変数を扱う基本の流れだ。今回は7行目で宣言した変数にセルB1の値を代入する。代入の命令には「＝」を使い、左辺に代入したい変数を置き、右辺に代入する値を置くのはこれまで学んできたとおりだ。

あとはセルB1の値を取り出す命令を「＝」の右辺に書くだけだ。これには、セルB1のRangeオブジェクトが代入された変数ObjectB1を使う。Rangeオブジェクトが代入された変数の後ろにドット(.)を付けると、オブジェクトの情報を取得することができる。

セルの値を取得するときは、**ドットに続けて「Value」を書く**。Valueは価値や価格という意味で使われることが多いが、〝値〟という意味も持っている。つまり**「Value」は、オブジェクトの「値」を表している**わけだ。

本項で解説するコード

```
   Dim StrB1 As String
   StrB1 = ObjectB1.Value

If StrB1 = "" Then

```

変数にセルの値を代入する

セルの値を取得する構文

構文

オブジェクト変数.Value

セルの値を取得するには、Rangeオブジェクトが代入された変数の後ろにドット(.)を付け、「Value」を続けて書く

例文： StrB1 = ObjectB1.Value

SUMMARY

- セルの値を取得するときは、オブジェクト変数にドット(.)を付けて、「Value」というキーワードを書く
- Valueは「オブジェクトの“値”」という意味

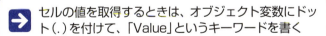

SECTION 19

条件分岐の構造はこうなっている！

基本

条件分岐の命令を作るIf～Then

10行目からはいよいよ条件分岐の命令だ。**指定した条件が満たされるかどうかで実行する処理を変えるには、If～Thenを使う。**「～」の部分に条件を書き、次の行に条件が満たされたときに実行する命令を書く。この命令は、「～」で書いた条件が満たされないときはスキップされる。命令文の行頭でTABキーを押して、インデントしておくと、If～Thenとセットであることが明確になり、より読みやすくなる。

条件が満たされるときに実行する命令の次の行に「Else」と書き、その次の行に条件が満たされないときに実行する命令を書き、インデントしておく。この命令は、「～」で書いた条件が満たされるときはスキップされる。Elseのインデントは If～ Thenと同じ位置に設定しよう。

最後に「End If」と書いて、条件分岐の終わりであることを示したら完成だ。このインデントは、If～Then、Elseと同じ位置に設定する。

本項で解説するコード

```

    If StrB1 = "" Then
        Debug.Print ("値が入っていません")
    Else
        Debug.Print (StrB1)
    End If
End Sub
```

インデント

条件分岐の基本構文

条件分岐の構文

構文

```
If 条件判定 Then
    命令A
Else
    命令B
End If
```

もし「条件判定」で指定した条件が満たされたら、「命令A」を実行し、そうでない場合は「命令B」を実行する

例文：
```
If StrB1 = "" Then
    Debug.Print ("値が入っていません")
Else
    Debug.Print (StrB1)
End If
```

条件をどうやって判定する？

ＶＢＡで条件分岐を行うIf～Thenでは「～」の部分で指定した条件が満たされるかどうかを判定する。しかし、そもそもどうやって条件を判定するのだろうか？

サンプルのソースコードを見てみると、「～」の部分には「StrBI ＝ ""」という命令が書かれている。ここで注目してほしいのが等号記号「＝」だ。これまでは「＝」を、変数などに値を代入するための記号と説明したが、条件分岐の中では代入をしているわけではない。**If～Thenの「～」部分で使われた「＝」は、左辺の値と右辺の値が等しいかを検証している**のだ。

このように２つの値を比較・検証する記号のことを**比較演算子**という。比較演算子には「＝」以外にも、左辺が右辺より大きいことを検証する「＞」、左辺と右辺が異なることを検証する「＜＞」などがある。そしてこれらの比較演算子を用いて２つの値の関係性を比較・検証することを条件式と呼ぶ。**If～Thenの「～」の部分には、この条件式を書くことで、指定した条件が満たされるかどうかを判定する**のだ。

2つの値を比較する条件式の構文

構文

変数 = 任意の値

「変数」と「任意の値」が等しいときは条件が満たされ、異なる値のときは条件が満たされない

例文：`If StrB1 = "" Then`

よく使う比較演算子

演算子	意味	例
=	左辺と右辺が等しい	If num = 3 Then (numが3のとき条件が満たされる)
>	左辺が右辺より大きい	If num > 3 Then (numが3より大きいとき条件が満たされる)
>=	左辺が右辺以上	If num >= 3 Then (numが3以上のとき条件が満たされる)
<	左辺が右辺より小さい	If num < 3 Then (numが3未満のとき条件が満たされる)
<=	左辺が右辺以下	If num <= 3 Then (numが3以下のとき条件が満たされる)
<>	左辺と右辺が異なる	If num <> 3 Then (numが3以外のとき条件が満たされる)

セルが未入力であることをどう判定する？

条件が満たされるかどうかを判定する条件式の書き方と比較演算子は、ご理解いただけたかと思う。次は、セルB1が未入力であることを、条件式でどのように判定するかを考えてみよう。

まずセルB1に「TEST」と入力されているとき、セルB1の値を代入した文字列変数「StrB1」にはどんな値が収まっているだろうか。そう、「TEST」という文字列だ。つまり「TEST」という文字列が入力されているかどうかを検証する条件式は、「StrB1 = "TEST"」となる。なお、文字列はダブルコーテーション（"）で囲む。

では、セルB1が未入力の場合、変数「StrB1」の値はどうなるだろう。少しイメージしづらいが空の文字列となる。つまりセルB1が未入力かどうかを検証するには、条件式の右辺には、空の文字列を書けばよい。**VBAで空の文字列を表現するには、「""」とダブルコーテーションを2つ続けて入力する。**「"」の間には半角スペースや全角スペースなども一切入力しないように気を付けよう。

セルが未入力か判定する構文

構文

```
文字列変数 = ""
```

「文字列変数」には、セルのオブジェクトから取り出した文字列が代入されている。この変数を空の文字列「""」と比較し、条件が満たされた場合は、もとのセルは未入力と判定される

例文：If StrB1 = "" Then

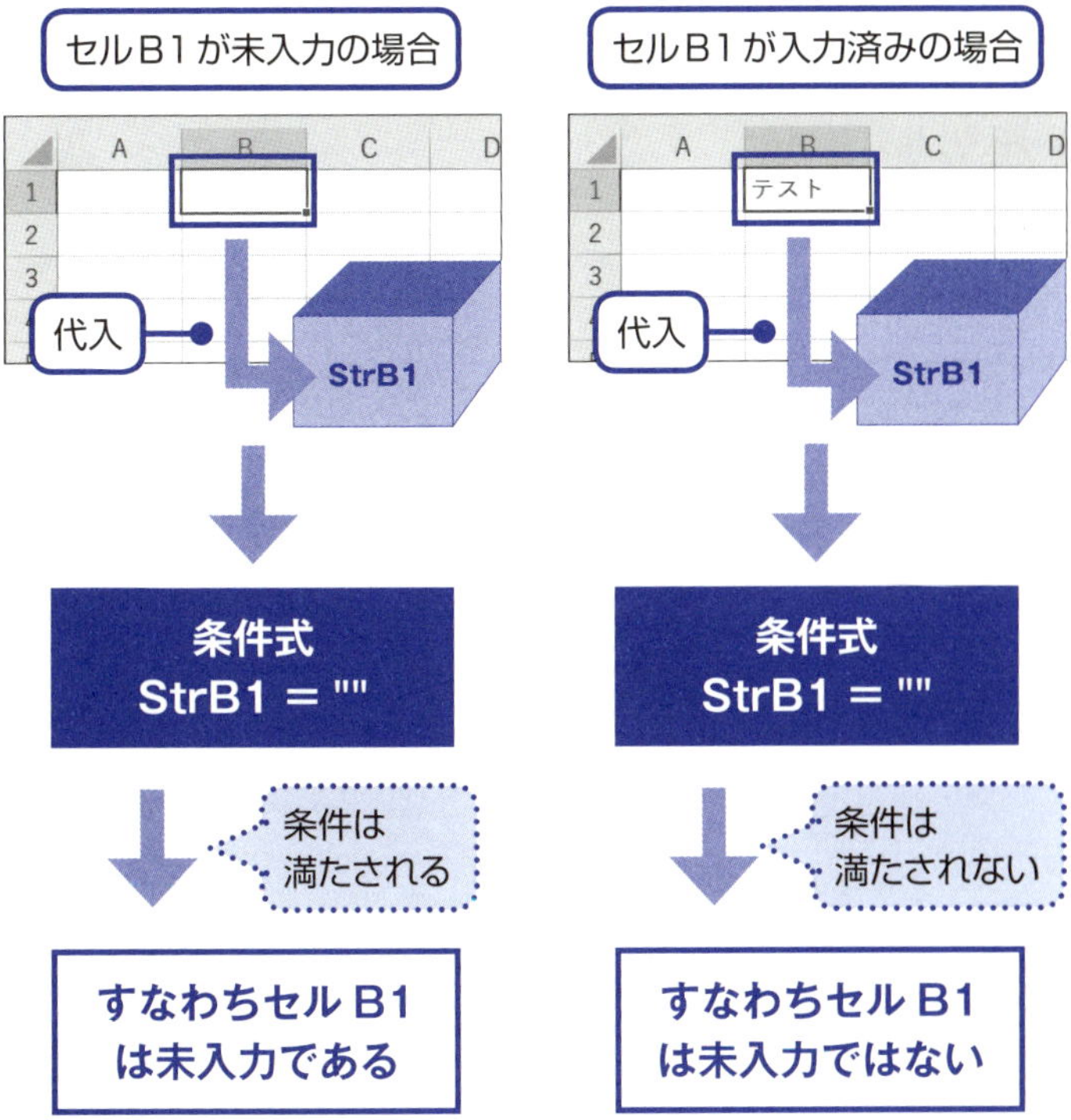

3章 条件分岐と繰り返しを理解する

SECTION 20

条件分岐のプログラムを実際に動かしてみよう

基本

条件が満たされたときの命令を書こう

If～Thenと「～」部分の条件式を書いたら、条件が満たされた場合の命令を書こう。サンプルプログラムの条件式はセルB1の値が未入力かどうかを判定している。つまり、条件が満たされたときは、セルB1が未入力ということだ。セルB1が未入力だった場合の処理は、イミディエイトウィンドウに「値が入っていません」と表示させることだった。そのためIf～Thenの次の行には、「値が入っていません」とイミディエイトウィンドウに出力する命令を書かなければならない。

イミディエイトウィンドウに文字列を出力するには、「Debug.Print」という命令を使う。Debug.Printに続くカッコの中に文字列を指定する。すると、その文字列がイミディエイトウィンドウに出力される。復習になるが、文字列はダブルコーテーション(")で囲む必要がある。よって、今回のプログラムでは、「Debug.Print("値が入っていません")」となる。

本項で解説するコード

```
09
10      If StrB1 = "" Then
11          Debug.Print ("値が入っていません")
12      Else
13          Debug.Print (StrB1)
14      End If
15  End Sub
```

条件が満たされた場合、イミディエイトウィンドウに文字列を出力

文字列を画面に出力する構文

構文

```
Debug.Print ("出力したい文字列")
```

カッコの中の文字列を、イミディエイトウィンドウに出力する

例文：Debug.Print ("値が入っていません")

プログラムを実行すると、カッコ内の文字列がそのまま出力される

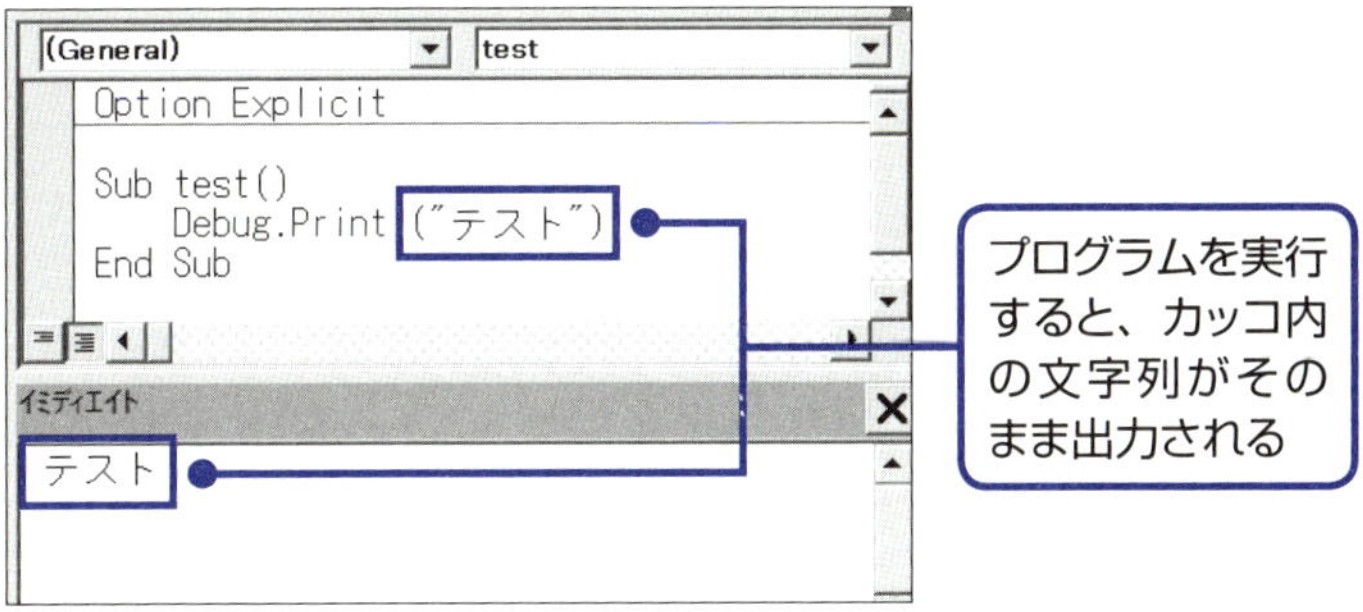

条件が満たされないときの処理を書こう

サンプルコードに書いている If～Then の条件式では、セルＢ１の値が未入力かどうかを判定している。**条件が満たされない場合は、すなわちセルＢ１に何かしらの値が入力されているということ**だ。セルＢ１に値が入力されていた場合、イミディエイトウィンドウにセルＢ１に入力されている文字列を表示させてみよう。

条件が満たされないときの処理は、「Else」の下の行に書く。イミディエイトウィンドウへの出力の命令は97ページでも紹介したとおり、「Debug.Print」だ。あとはカッコの中にセルＢ１の値を収めた変数「StrB1」を書けばよい。これでイミディエイトウィンドウには、変数「StrB1」の値が出力される。ひとつ気を付けておきたいのは、「"StrB1"」のように、**変数名をダブルコーテーションで囲んではいけない**ということ。これでは、イミディエイトウィンドウに値ではなく「StrB1」という文字列が出力されてしまう。

あとは、条件分岐を終える「End If」と、プロシージャーを終える「End Sub」を入力したら、サンプルプログラムの完成だ。左ページの上の例のように、インデントするのを忘れないように。

本項で解説するコード

```

    If StrB1 = "" Then
        Debug.Print ("値が入っていません")
    Else
        Debug.Print (StrB1)
    End If
End Sub
```

条件が満たされなかった場合、イミディエイトウィンドウに変数StrB1（セルB1の値）を出力

変数の値を画面に出力する構文

構文

```
Debug.Print (変数名)
```

カッコの中に書いた変数の内容を、イミディエイトウィンドウに出力する

例文： Debug.Print (StrB1)

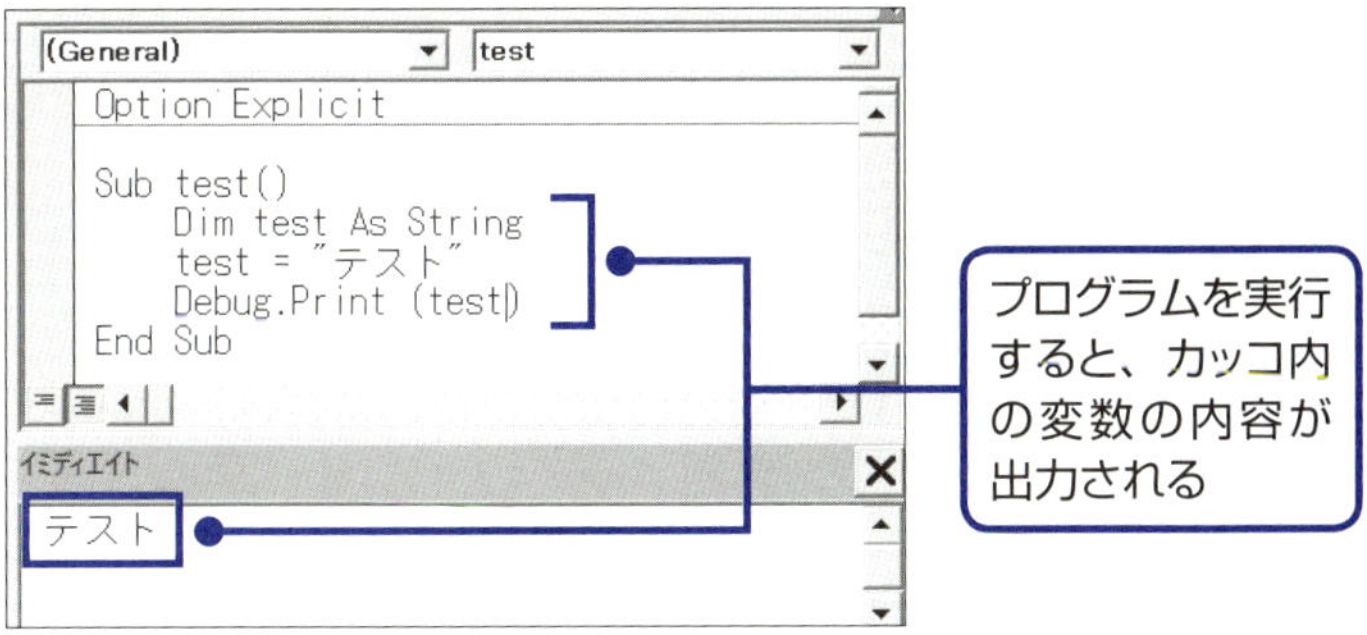

今回作ったプログラムをおさらいしよう

これで1つ目のプログラムは完成だ。最後にプログラムの内容を振り返り、実行して動作を確認してみよう。サンプルプログラムの4～8行目までは、セルB1に入力されている値を取得するためのコードだ。セルB1を代入したObject型の変数を作り、その変数から文字列を取り出して、文字列型変数「StrB1」に代入している。

10行目の「If～Then」からは条件分岐の命令だ。文字列型変数「StrB1」と空の文字列を比較する条件式を「～」の部分に書き、セルB1が未入力かどうかを検証する。条件式の条件が満たされる（セルB1が未入力である）場合は、11行目の命令が実行され、イミディエイトウィンドウに「値が入っていません」と出力される。一方、指定した条件が満たされない場合（セルB1が未入力でない）は、「Else」の下の行の命令（13行目）が実行され、変数「StrB1」の値（セルB1の値）がそのまま出力される。

最後に、「開発」タブの「マクロ」をクリックし、実際にプログラムを動かしてみよう。プログラムの結果はVBEのイミディエイトウィンドウに表示される。なお、イミディエイトウィンドウが表示されていない場合は、83ページを参照してほしい。

条件分岐を使ったプログラム

```
Option Explicit

Sub BranchProc()
    Dim ObjectB1 As Object
    Set ObjectB1 = Range("B1")

    Dim StrB1 As String
    StrB1 = ObjectB1.Value

    If StrB1 = "" Then
        Debug.Print ("値が入っていません")
    Else
        Debug.Print (StrB1)
    End If
End Sub
```

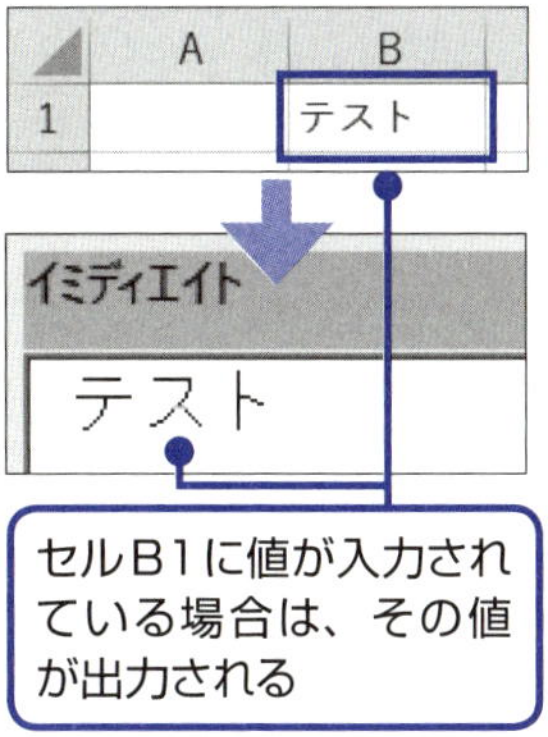

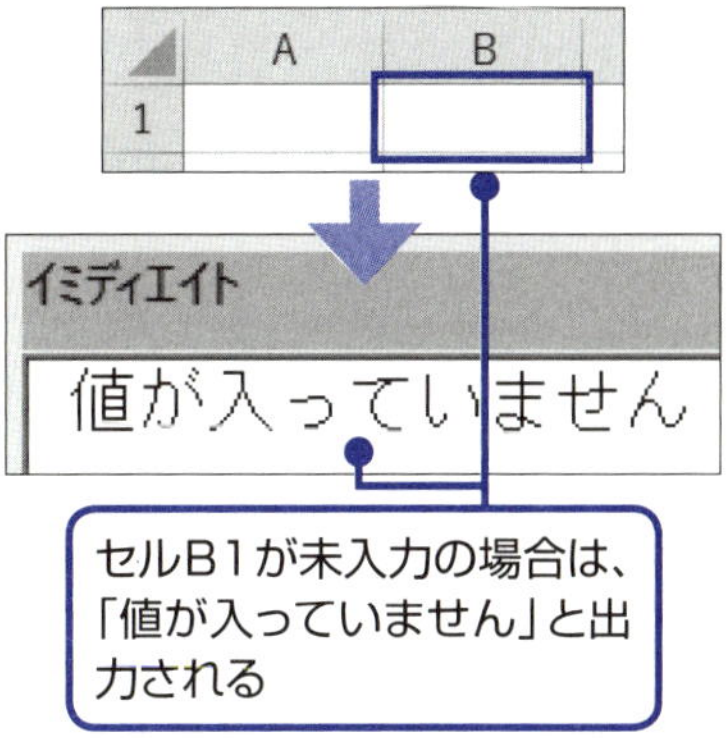

SECTION 21

繰り返しを何回行うのかを決める変数

基本

プログラムで繰り返し作業を高速に処理

日々の仕事では、名前が入力されているセルに「様」を追加するといった、同じ処理を延々と繰り返す作業が少なくない。こうした仕事こそプログラムで自動化したいところだ。だが、これまで解説した方法では、実行したい処理の数だけ命令を書く必要がある。100個のセルに同じ処理を実行するなら、対象のセル番地だけを変えた命令を100個分書かなければならない。これはあきらかに非効率だ。**そこでVBAを含む多くのプログラミング言語では、同じ処理を繰り返し実行するための命令を用意している。**3章の2つ目のサンプルプログラムでは、この繰り返しのしくみを使い、A1～A10までのセルの背景色を黒に設定する。

「繰り返し」は、プログラミングにおいて条件分岐と並んで重要なテクニックだ。処理の回数をどのように指定するか、そして処理対象のセルをどのように切り替えているかに注目しながら、プログラムの意味を理解していこう。

サンプルプログラムの処理内容

```
Option Explicit

Sub LoopProc()
    Dim i As Integer
    For i = 1 To 10
        Cells(i, 1).Interior.ColorIndex = 1
    Next i
End Sub
```

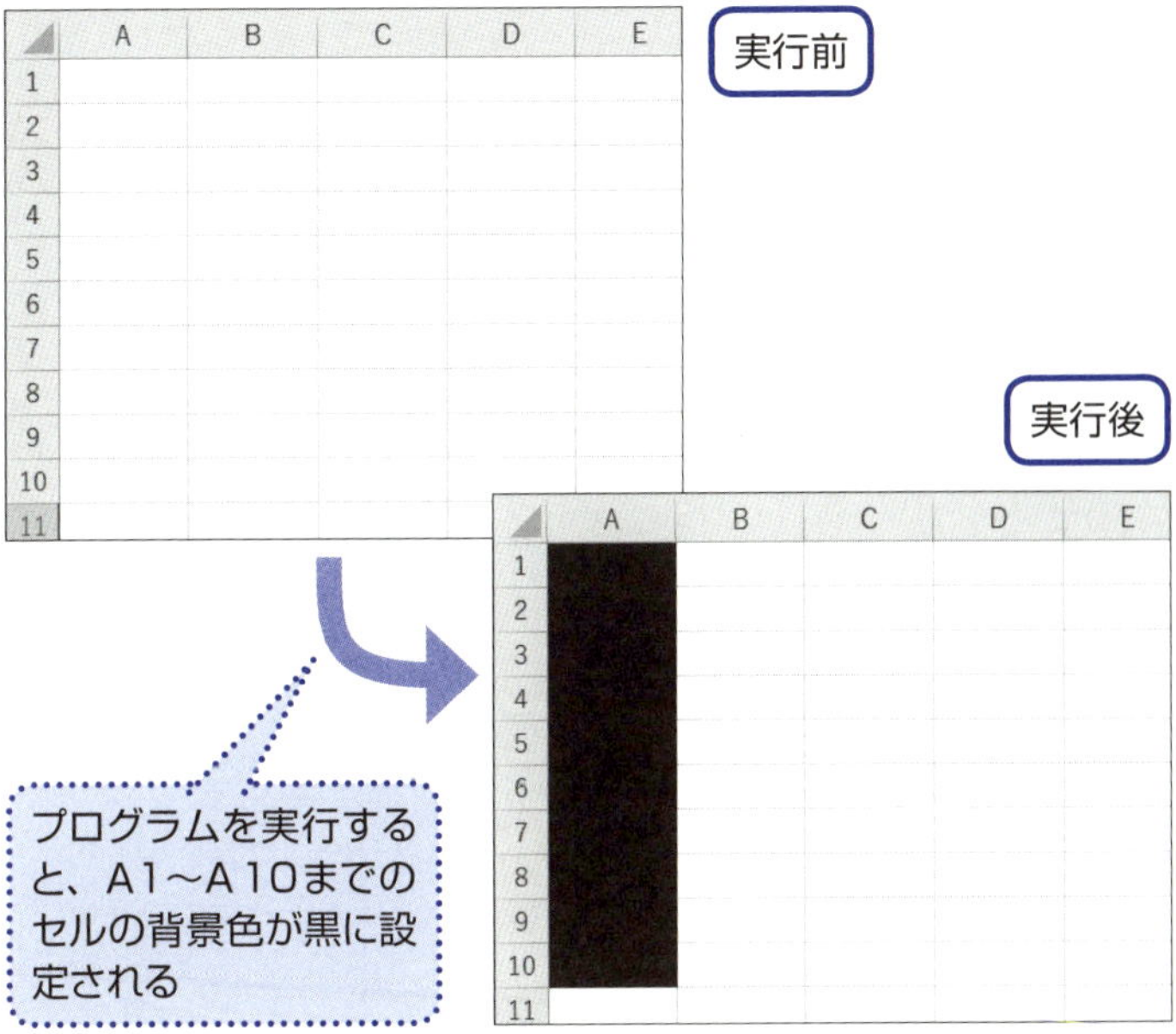
実行前
実行後
プログラムを実行すると、A1～A10までのセルの背景色が黒に設定される

繰り返し処理の書き方を学ぼう

サンプルプログラムの3行目を見ると「For」という命令が使われている。このForを使って繰り返し処理を実行するのだ。**Forの命令では、処理を繰り返す回数を整数型の変数で設定する。**2行目で整数型の変数「i」を宣言しているのはそのためだ。

Forの命令では、この変数に対して「初期値」と「最終値」という2つの数値を指定する。「i = 1」の部分が初期値の指定だ。繰り返しの処理を始める前に、変数に初期値を代入する。そして「To 10」は最終値の指定だ。**初期値に指定した変数は、処理を1回繰り返すたびに1が加算されていく。そして、変数が最終値に達すると繰り返し処理を終了する。**

つまり今回のプログラムでは、変数iが1から始まり、処理を1回繰り返すごとに1が加算され、変数iが10になるまでの10回、処理が繰り返されることになるわけだ。繰り返しの回数を増やしたいなら最終値を大きくし、逆に減らしたいなら最終値を小さくすればよい。左ページの図を見て、どのように繰り返しが行われるのか、イメージできるようにしておこう。

繰り返し処理の構文

構文

```
Dim i As Integer
For i = 初期値 To 最終値
    繰り返したい命令
Next i
```

繰り返し処理の開始時に、整数型の変数「i」に「初期値」を代入し、「繰り返したい命令」を実行する。プログラムが「Next　i」まで進むと、変数「i」に1を加算して、変数「i」が「最終値」に達するまで「繰り返したい命令」を実行する

例文：
```
Dim i As Integer
For i = 1 To 10
    Cells(i, 1).Interior.ColorIndex = 1
Next i
```

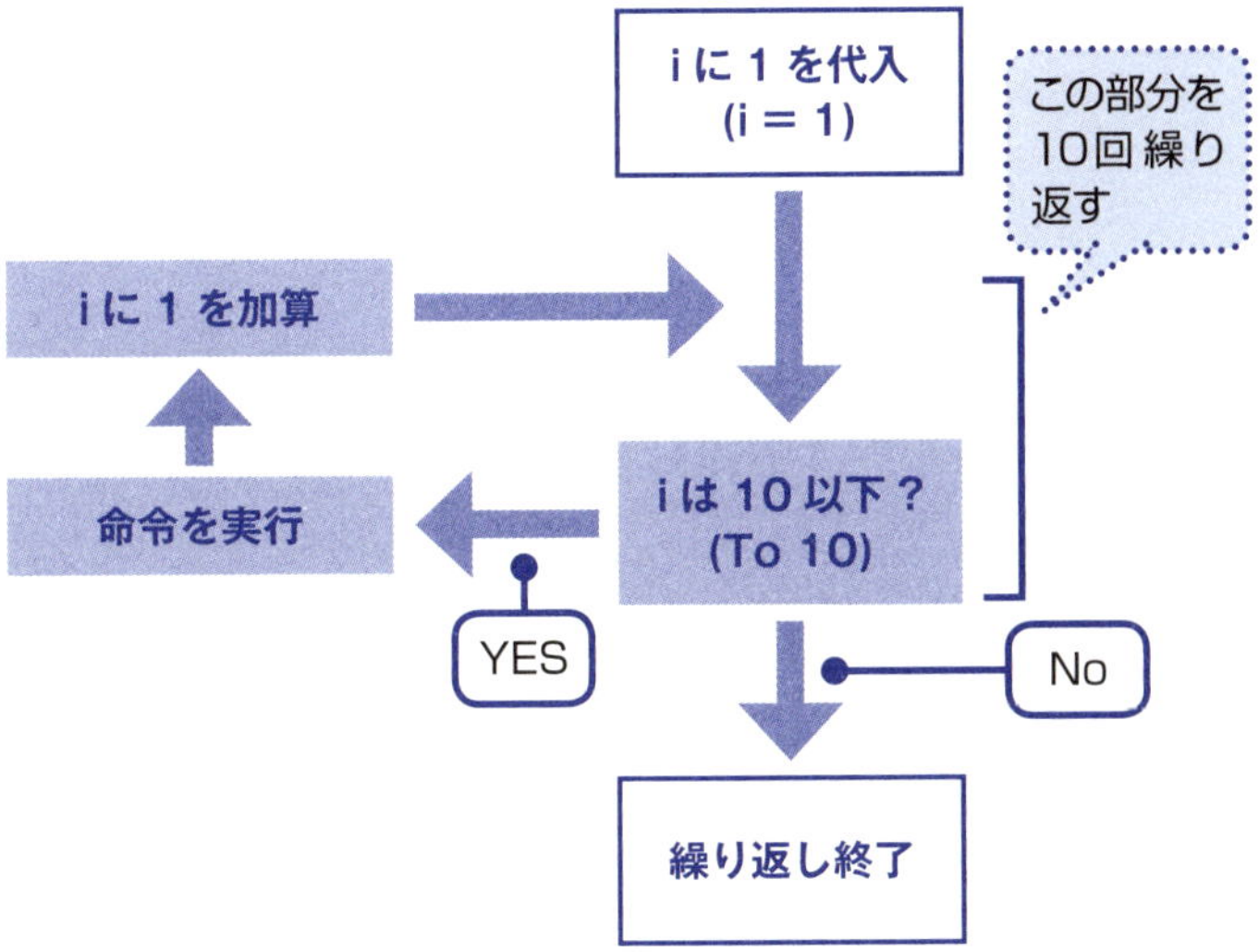

繰り返したい命令はどこに書く？

繰り返し実行させたい命令は、Forの次の行に書く。このとき、行頭でTABキーを押して、インデントしておこう。これで、繰り返し実行する命令が明確になる。サンプルプログラムでは1つの命令しか書いていないが、複数の命令を書くことも可能だ。セルの背景色を変えたあと、文字の色を変えて、フォントサイズを大きくするというように、書いた分だけ命令が繰り返される。

プロシージャーの場合は「End Sub」、条件分岐の場合は「End If」のように、Forでも繰り返しの処理を終了する区切りを書かねばならない。これが5行目の「Next i」だ。このように、繰り返しの処理の終了は「Next 変数名」と書く。この行まで命令が実行されると、プログラムはForの行まで戻り、変数に1を加算して次の処理を実行する。要するに**繰り返したい命令は、ForとNextの間の行に書けばよい**ということだ。

ちなみに「Next 変数名」の変数名には、Forの行で初期値に指定した変数名を使わねばならない。「For i = 1 To 10」と書いたら、必ず「Next i」と書くのだと覚えておけばよい。

繰り返し処理の流れ

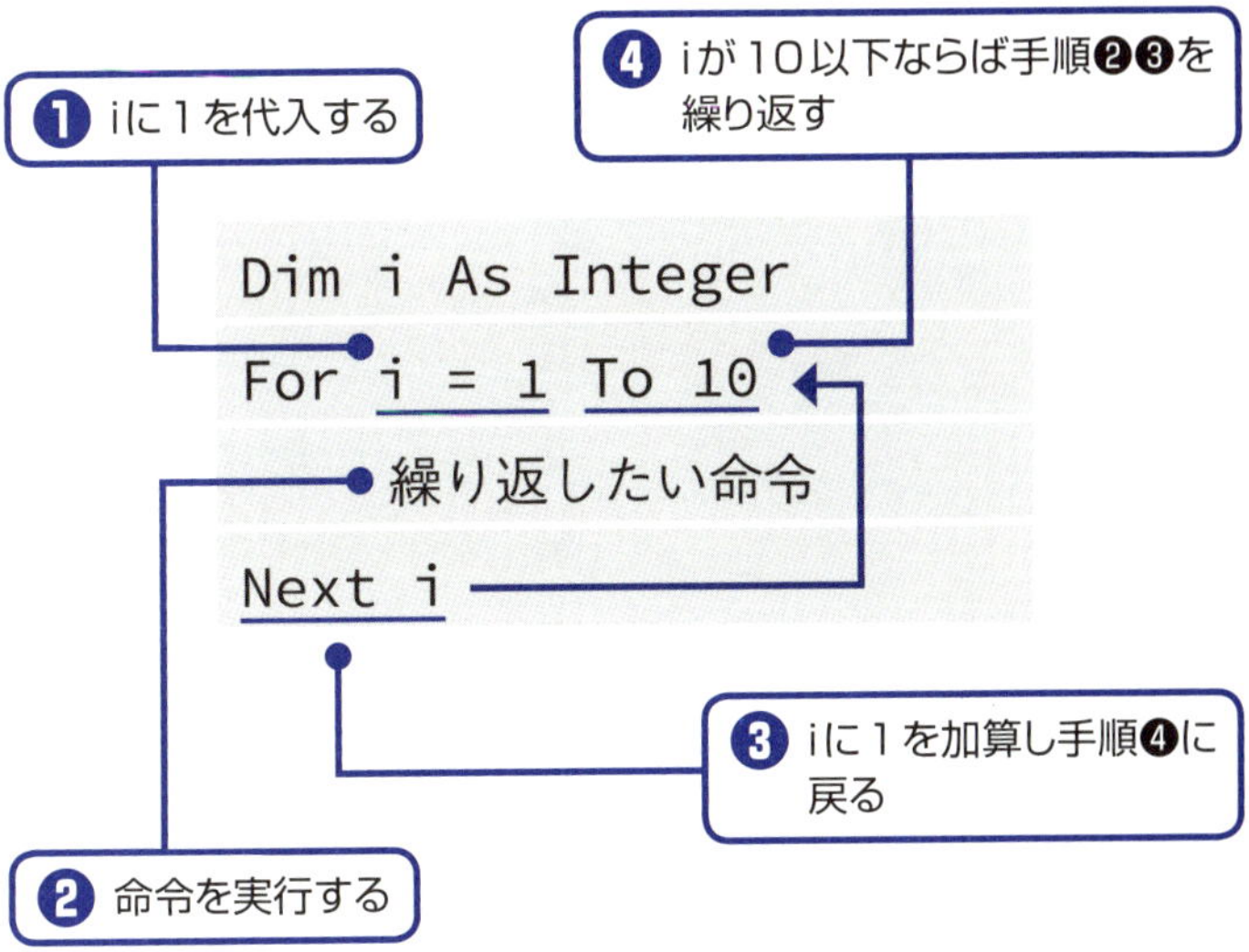
❶ iに1を代入する
❹ iが10以下ならば手順❷❸を繰り返す
Dim i As Integer
For i = 1 To 10
繰り返したい命令
Next i
❸ iに1を加算し手順❹に戻る
❷ 命令を実行する

SUMMARY

- 繰り返したい命令はForとNextの間に書く
- 繰り返したい命令の部分はインデントする

変数iがどのように変わるか確認してみよう

今回のサンプルプログラムでは、セルA1～A10までの背景色を黒に変更する。これを実行するには、セルA1～A10までひとつずつ黒に塗りつぶす。では、繰り返し処理の中で、セルA1からA10までどうやってセルをずらすのだろうか？

カギとなるのが変数iだ。Forの行で初期値1に指定した変数は、処理を繰り返すたび1が加算され、最終値10で繰り返し処理が終了する。つまりiは1～10まで変化するということだ。**この変数iを利用することで、セルA1～A10まで対象のセルを変えることはできないだろうか？**

まずは変数iが本当に1～10まで変化するのかということを、イミディエイトウィンドウを使って、確認してみよう。変数Forの下の行に、イミディエイトウィンドウに文字を出力する命令「Debug.Print」を書き、カッコの中に変数iを書く。この状態でマクロを実行すると、イミディエイトウィンドウに1～10までの数字がひとつずつ出力されるはずだ。これで確かに変数iが実際に1～10まで変化していることが確認できた。

変数iで繰り返しに変化を付ける

```
Option Explicit

Sub LoopProc()
    Dim i As Integer
    For i = 1 To 10
        Debug.Print (i)
    Next i
End Sub
```

イミディエイトウィンドウに変数iを出力する

このコードを実行すると……

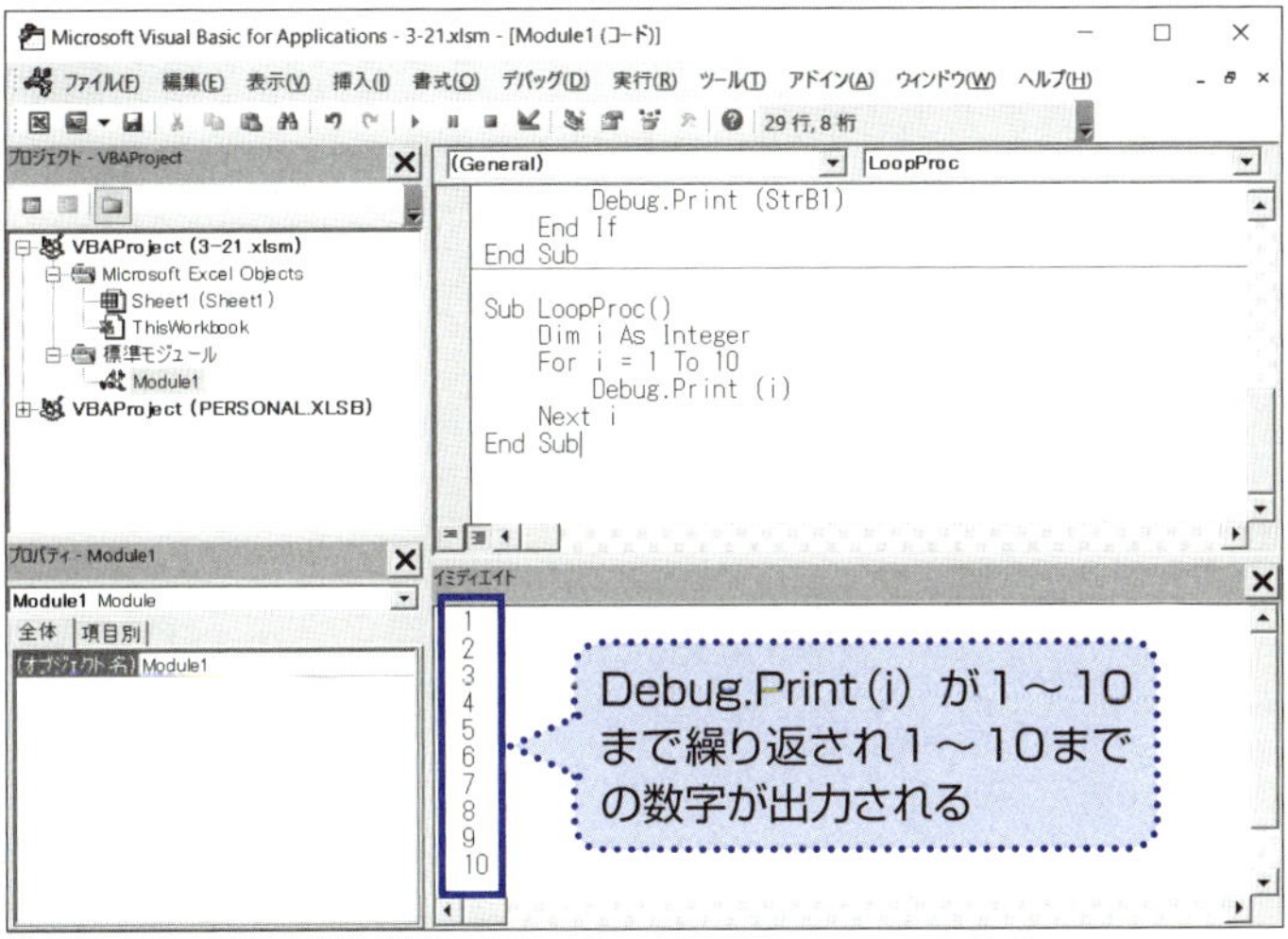

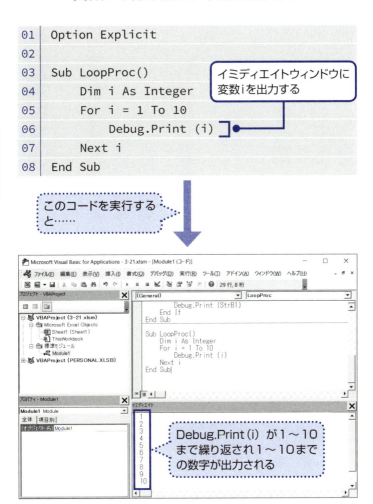

SECTION 22

もうひとつのセルの指定方法を活用しよう

必読

2つの数値でセル番地を指定しよう

繰り返し処理の中でひとつずつセルをずらしながら、背景色を黒に設定したい。このセルをずらすという処理に変数iを利用したい。なぜならば、繰り返し処理の間に、変数iは1から10までずれていくからだ。ただし、Rangeオブジェクトでは「"A1"」「"A10"」のように、直接セル番地を指定するため、変数iを使うことが難しい。

そこでもうひとつのセルの指定方法である「Cells」を利用する。Cellsは対象となるセルの指定方法が、Rangeとは異なる。**Cellsでは、行番号と列番号という2つの数値を使ってセルを指定する。**「列番号が数値？」と思うかもしれないが、「1がA列、2がB列…」と考えればよい。

今回のサンプルプログラムでは、変数宣言の際、変数iには整数型を指定した。そして変数iは1から10まで値が変化するので、変数iをCellsに利用すると都合がよさそうだ。行番号に変数iに、列番号は固定の1（A列）に、設定すればよい。

本項で解説するコード

```
Option Explicit

Sub LoopProc()
    Dim i As Integer
    For i = 1 To 10
        Cells(i, 1).Interior.ColorIndex = 1
    Next i
End Sub
```

「Cells」の構文

構文

```
Cells(行番号, 列番号)
```

Rangeと同様、セルのオブジェクトを取得する。対象のセルの指定は、「列番号」と「行番号」の2つの数値を指定することで行う

例文：Cells(i, 1).Interior.ColorIndex = 1

CellsとRangeの対応表

セル番地	Cellsの場合	Rangeの場合
A1	Cells(1, 1)	Range("A1")
A10	Cells(10, 1)	Range("A10")
C1	Cells(1, 3)	Range("C1")
Z22	Cells(22, 26)	Range("Z22")

セルに色を付けよう

セルのオブジェクトを作ることができれば、あとは背景色を指定するだけだ。これにはCellsで取得したセルのオブジェクトの**Interiorオブジェクト**を使用する。Interiorは、「内部、内側」という意味の英単語。セル内部の背景色や塗りつぶしパターンなど、見た目に関する設定がまとめられているオブジェクトだ。

Interiorオブジェクトにさらにドット（.）を付けて、**ColorIndex（カラーインデックス）**と入力すると、セルの背景色の情報を取得できる。エクセルではいくつかの方法で色を設定できるが、いちばんかんたんなのが**カラーインデックス**を使う方法だ。昔のエクセルでは56種類の色しか使えず、それらを0～56の数値で表していた。これがカラーインデックスだ。

初期設定では無色の「0」がカラーインデックスとして設定されている。ここに0～56のいずれかの数値を代入することで、セルの背景色を任意の色に変更できるわけだ。サンプルプログラムでは、黒を表す「1」をカラーインデックスに指定しているが、ほかの数値を代入して色の変化を確認してみてもよいだろう。

セルの背景色を設定する構文

構文

セルのオブジェクト.Interior.ColorIndex = 数値

Rangeオブジェクトに「.Interior.ColorIndex」と続け、「=」の右辺に0～56の数値を指定すると、セルの背景色を設定する。カラーインデックスの初期値は無色の「0」

例文： Cells(i, 1).Interior.ColorIndex = 1

カラーインデックスの代表例

番号	色	番号	色
1	黒	5	青
2	白	6	黄
3	赤	7	紫
4	緑	8	水色

3章
条件分岐と繰り返しを理解する

SUMMARY

- 背景色の設定は、Rangeオブジェクトの下位にあるInteriorオブジェクトに対して設定する
- 色の設定はColorIndexがかんたん。0～56の数値を代入して色を指定する

SECTION 23

繰り返しのプログラムを実際に動かしてみよう

必読

今回作ったプログラムをおさらいしよう

これで繰り返し処理のプログラムも完成だ。最後にサンプルプログラムの内容をおさらいし、プログラムを実行して実際に動作を確かめてみよう。

3行目でプロシージャーを宣言したあと、4行目では整数型の変数iを宣言する。これは、繰り返し処理の回数を表す変数だ。繰り返し処理は、5行目のForから始まる。この行では、変数iの初期値と最大値の指定を行う。繰り返し処理が始まる前に変数iに初期値「1」が代入され、変数iが10に達するまで、繰り返し処理は継続する。

繰り返し実行される命令は、6行目のコードだ。Cellsというキーワードに行番号と列番号と指定することでセルのオブジェクトを取得。行番号に変数iを使い、操作対象のセルを変えている。背景色の設定はInteriorオブジェクトのColorIndexに0～56の数値を代入することで設定可能だ。

繰り返しを使ったプログラム

```
Option Explicit

Sub LoopProc()
    Dim i As Integer
    For i = 1 To 10
        Cells(i, 1).Interior.ColorIndex = 1
    Next i
End Sub
```

実行前

実行後

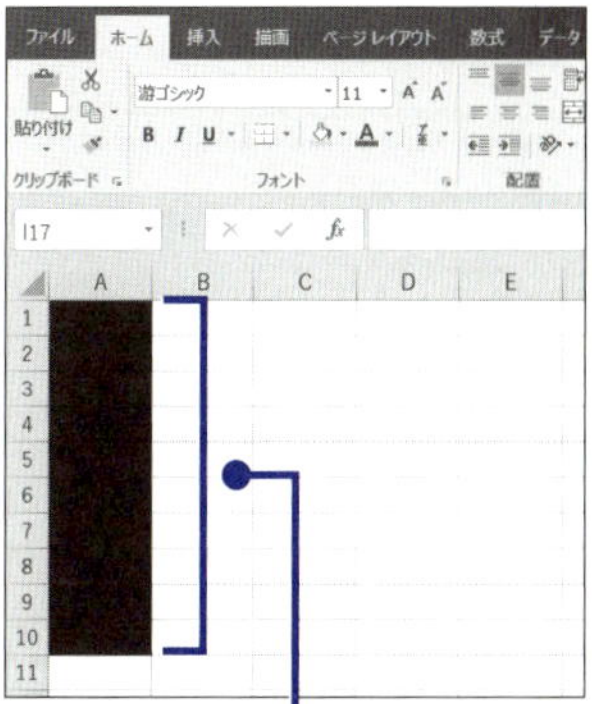

セルA1～A10の背景色が黒に設定される

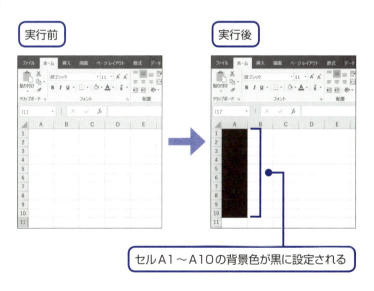

COLUMN

プログラムを読み解くヒント

以前書いたプログラムをあとで読み直すと、「条件分岐で何を判定しているの？」「この命令でセルをどういうふうに変更するんだったっけ？」と、ソースコードの意図がよく思い出せないことがある。

こうしたときに便利なのが、「コメント」という機能だ。ソースコードの行頭にアポストロフィ「'」を入力すると、プログラム実行時にその行は無視して処理される。あとで見直したときに意味が読み取りづらそうな行は、コメント機能を利用して、ソースコードのヒントを書いておくとよい。

また、命令の後ろに「'」を入力すると、アポストロフィ以降がコメントとして扱われる。1行の文字数が少ない場合は、この方法でコメントを書くのもよいだろう。

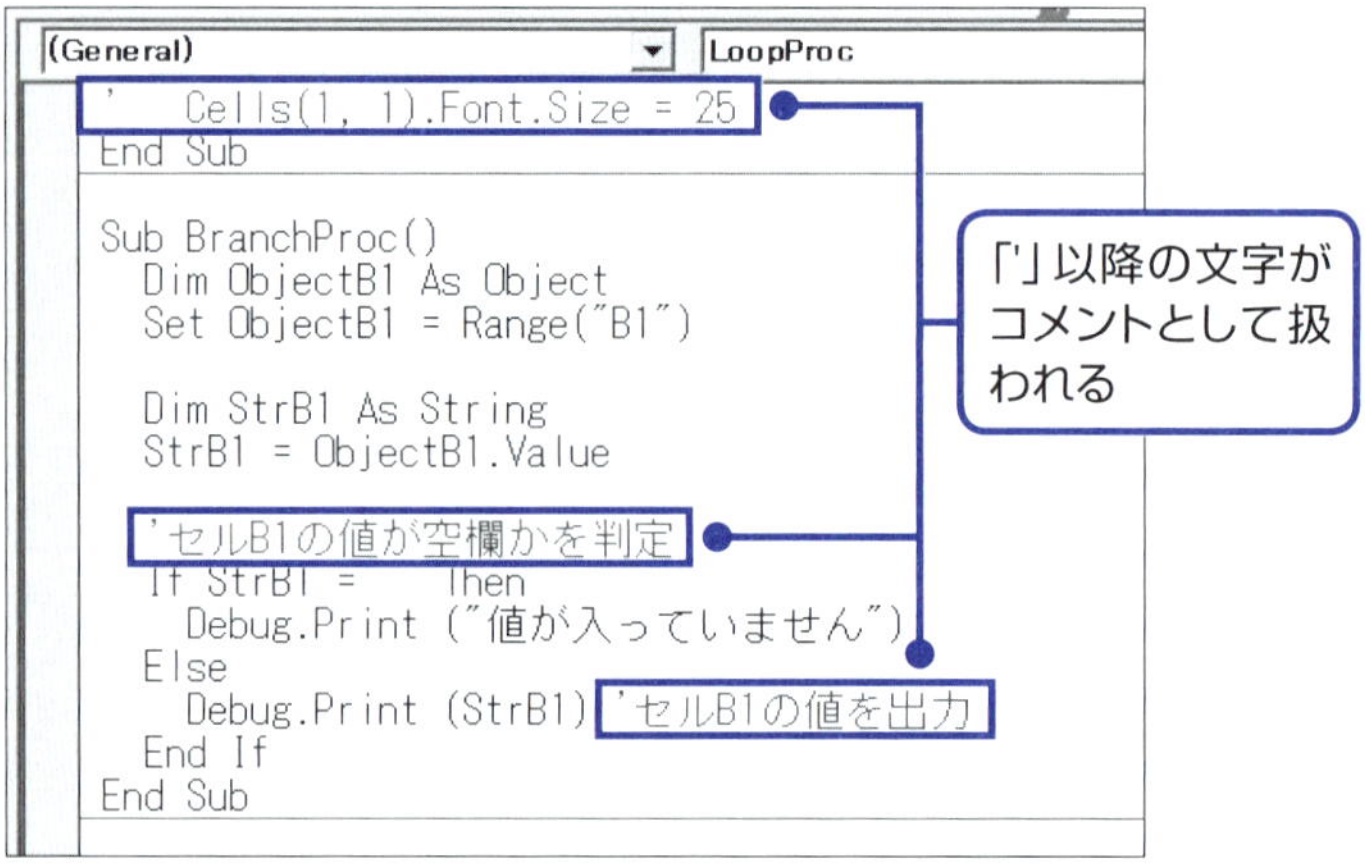

4章

応用編 オリジナルの画面を使ってプログラムを動かす

SECTION 24

+α

オリジナルの画面を作るしくみ「ユーザーフォーム」について知ろう

オリジナル画面を作るユーザーフォーム

4章では、ユーザーフォームを使ったサンプルプログラムを作る。プログラムを作る前に、ユーザーフォームとはそもそもどんなものなのか、使うことでどんなメリットが得られるのかを確認しよう。

ユーザーフォームとは、プログラムの作成者が自由に作れる画面のことだ。画面内に任意のパーツを配置して、プログラムと連携させることができる。ユーザーフォームのメリットは何といっても、どこを操作すればよいかが明確になるところにある。住所録に入力する際に、直接エクセルシートの最下行に氏名・住所・電話番号等を入力するよりも、左ページの真ん中の例のように専用の入力画面から入力した方がわかりやすい。またユーザーフォームを使うことで、利用者が直接シートを操作しなくてもよくなる。これにより、**誤ってシートのデータを削除したり、入力する場所を間違えたりといったトラブルを防ぐことができる**のだ。

ユーザーフォームを使ったプログラムの例

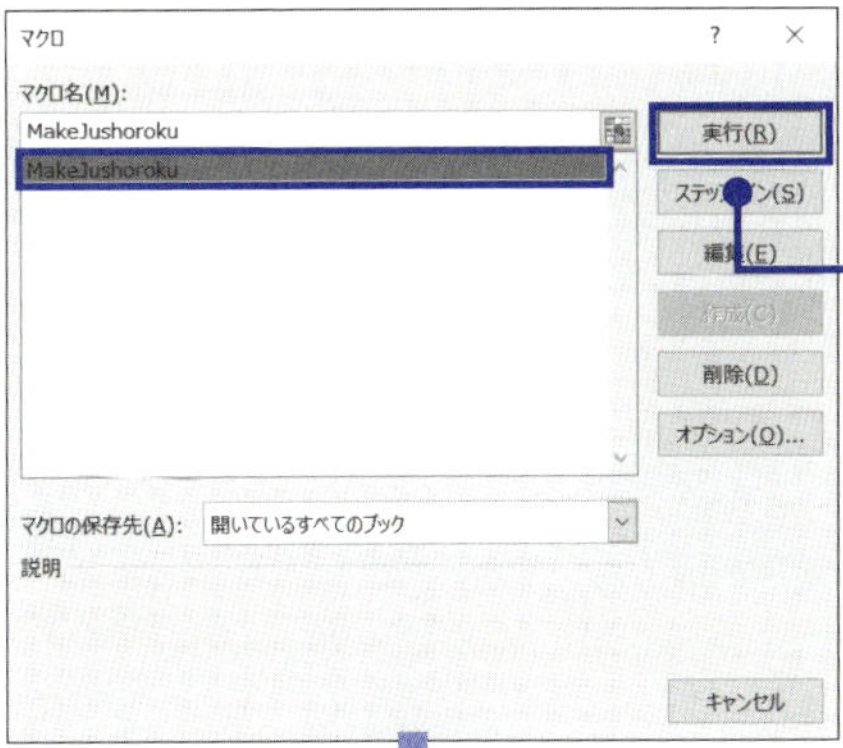

Step 1

プログラムを実行すると…

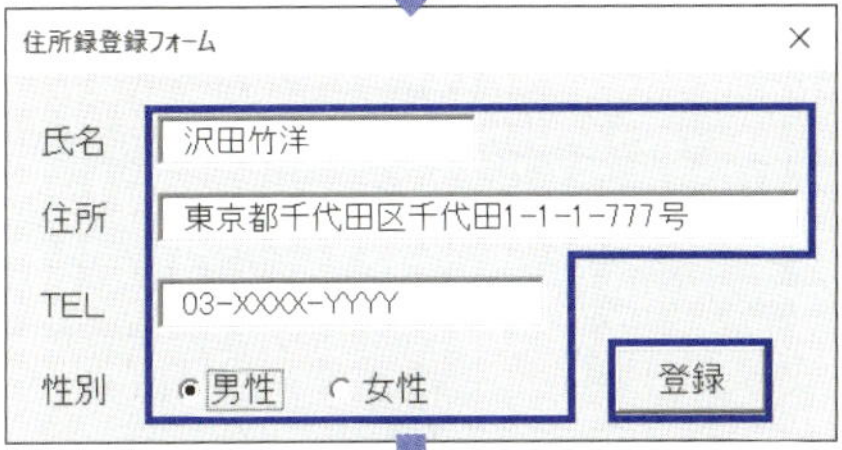

Step 2

フォームが表示され、ダイアログボックスにデータを入力し、「登録」をクリック

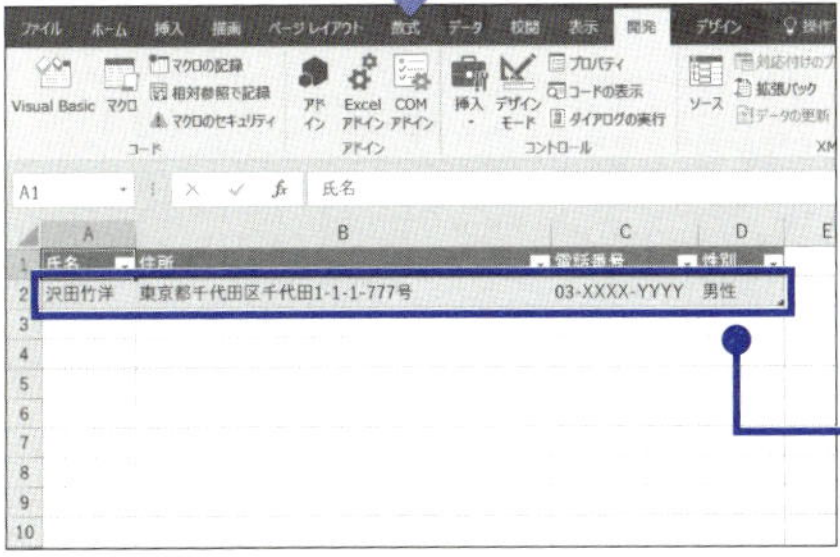

Step 3

住所録に名前や住所などの情報がエクセルシートに登録される

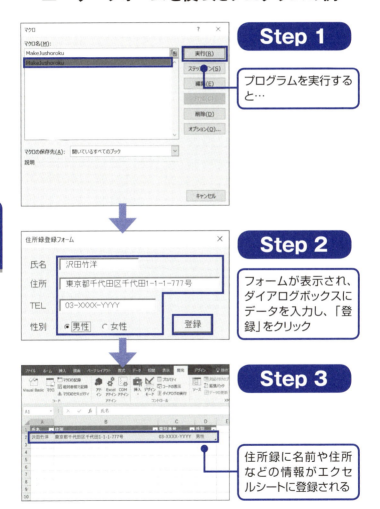

ユーザーフォームを作成しよう

ユーザーフォームを作成するには、これまでプログラムを書いてきた「標準モジュール」とは別に、「ユーザーフォーム」というモジュールを用意する必要がある。フォームのデザインや、フォーム上で発生するプログラムは、フォームモジュールに保存する。

「ユーザーフォームを作成するためにプログラムを書かないといけないの？」と思うかもしれないが、そんなことはない。ＶＢＥにはあらかじめ、ユーザーフォームに使用できるパーツが用意されているので、**使いたいパーツを選んで貼り付けていくだけでかんたんにフォームが作成できる**。プログラムを書かないといけないのは、ユーザーフォームに入力されたデータの処理や、配置されたパーツをクリックされたあとどう処理するかの部分などで、見た目の部分にはプログラムを書く必要はない。

ユーザーフォームを作成すると、プログラムを作成するコードウィンドウとは別に、フォームをデザインするオブジェクトウィンドウが利用できる。切り替え方は１２２ページで解説する。また、フォーム上に配置するパーツは、「ツールボックス」から利用する。

ユーザーフォームの作成画面

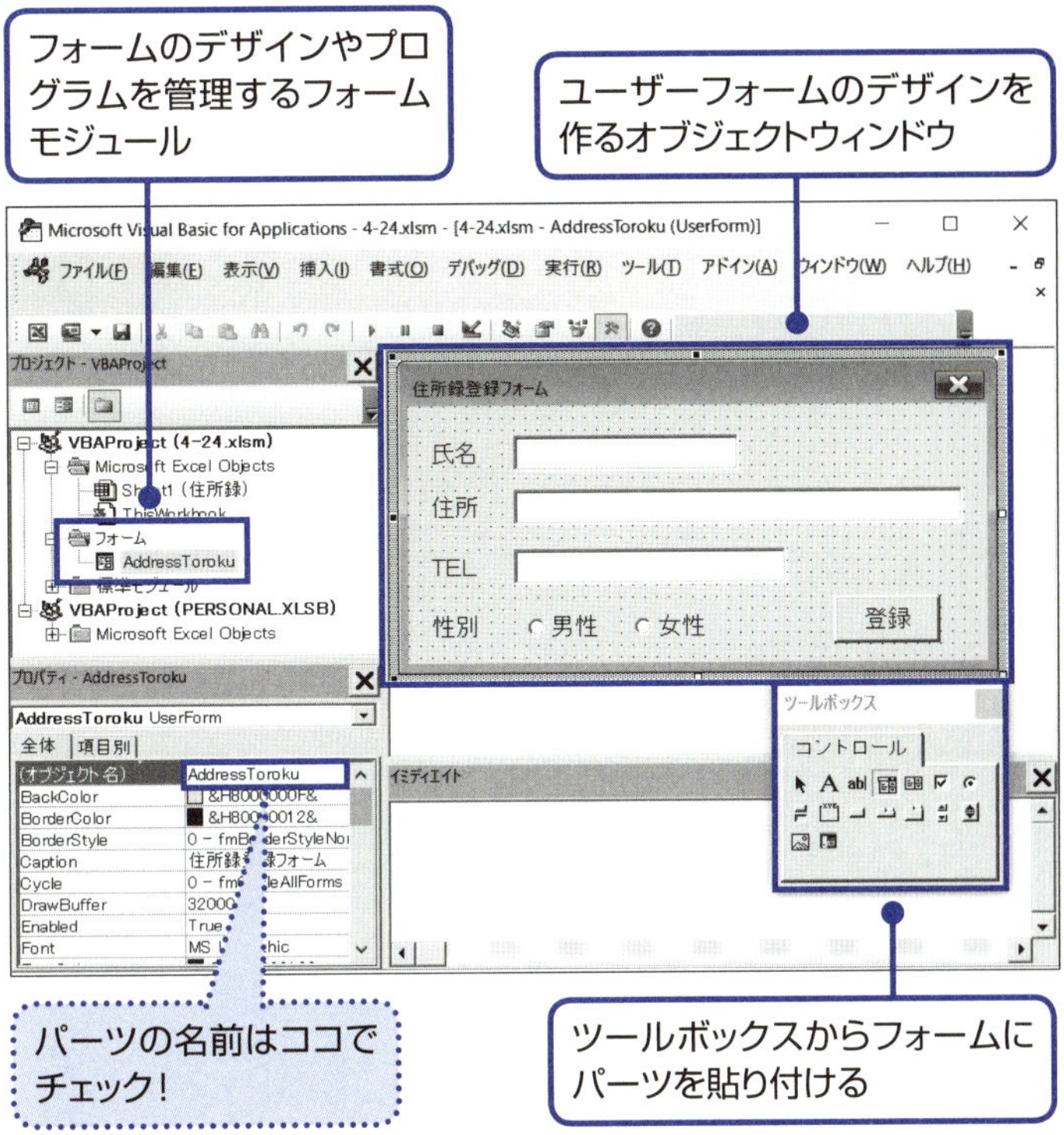

SECTION 25

ユーザーフォームはこんなにかんたんに作ることができる

+α

まずはモジュールを追加しよう

ユーザーフォームの具体的な作成手順を見ていこう。まずはフォームを管理するためのフォームモジュールを作成する。モジュールの作成は、標準モジュールと同様、VBEで行う。VBEのメニューバーで「挿入」→「ユーザーフォーム」をクリックすると、ソースコードを入力するためのコードウィンドウが、フォームをデザインするためのオブジェクトウィンドウに切り替わる。

コードウィンドウとオブジェクトウィンドウの切り替え方も覚えておこう。プロジェクトエクスプローラー上部の「コードの表示」をクリックすると、画面がコードウィンドウに切り替わり、「オブジェクトの表示」をクリックするとオブジェクトウィンドウに切り替わる。フォームのボタンをクリックしたときなどに実行する処理内容は、VBAでコードウィンドウに書く必要があるので、切り替え方はしっかり覚えておこう。

ユーザーフォームを作成する

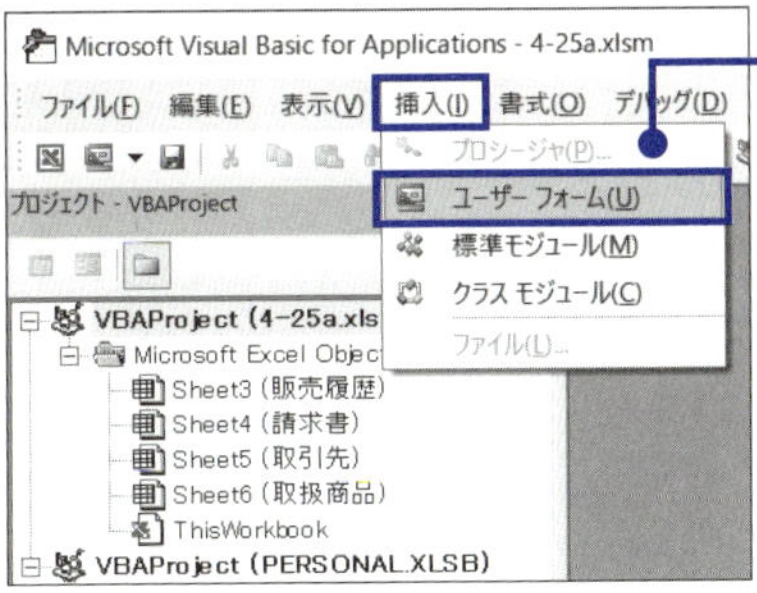

❶ メニューバーで「挿入」→「ユーザーフォーム」をクリック

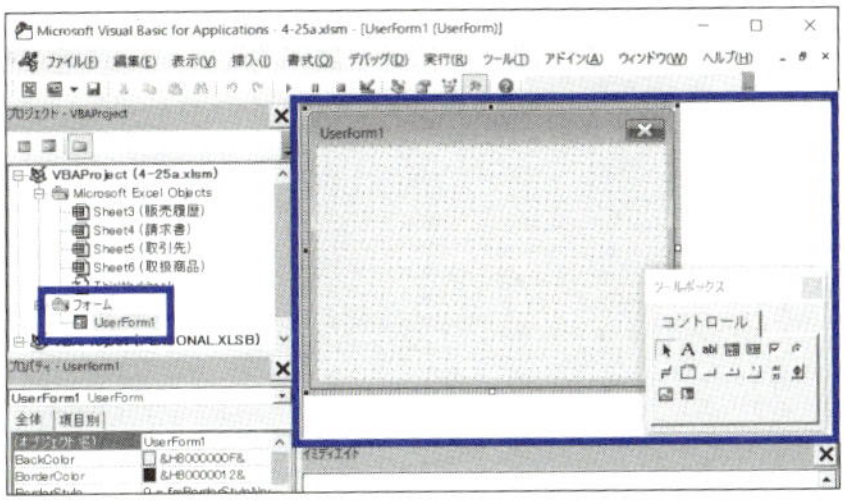

❷ ユーザーフォームが作成される

ウィンドウを切り替える

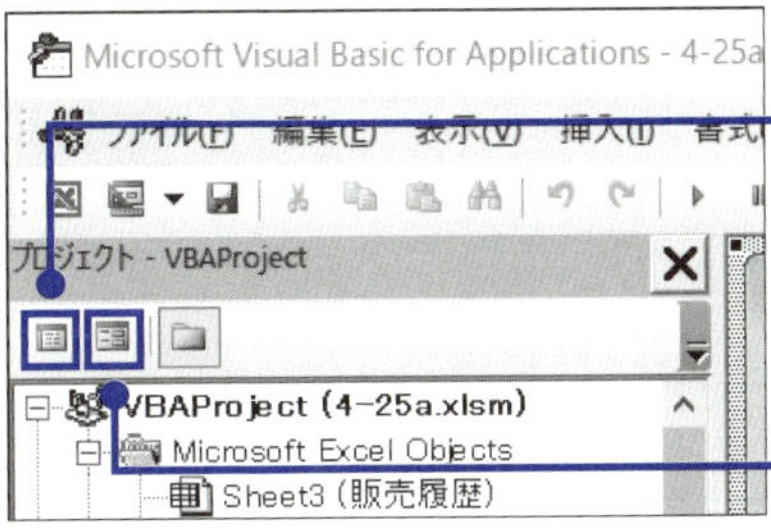

「コードの表示」をクリックすると、コードウィンドウに切り替わる

「オブジェクトの表示」をクリックすると、オブジェクトウィンドウに切り替わる

パーツはマウスでかんたんに追加・調整できる

作成したばかりのユーザーフォームには、パーツはひとつも配置されていない。この状態から自分でパーツを配置して、自分専用の画面に仕立てていくわけだ。使用できるパーツの一覧は、ツールボックスに表示されている。ツールボックスが見当たらない場合は、メニューバーの「表示」→「ツールボックス」をクリックすると表示できる。

ツールボックスで任意のパーツを選択し、フォーム上でドラッグすると、選択したパーツがフォームに配置される。このパーツのことを「コントロール」と呼ぶ。コントロールの縁部分をドラッグすると、位置を調整することも可能だ。コントロールの周囲の白い四角をドラッグすれば、コントロールのサイズを変えられる。また、同様の手順でフォーム自体のサイズを調整することも可能だ。

フォーム内のコントロールが不要になったら、選択した状態でDELキーを押し、削除しておこう。使わないボタンや入力欄は、ひとつたりとも残してはいけない。利用者がプログラムを実行してフォームを見たときに、必要がないコントロールが配置されていると混乱を招くからである。

フォームにコントロールを追加する

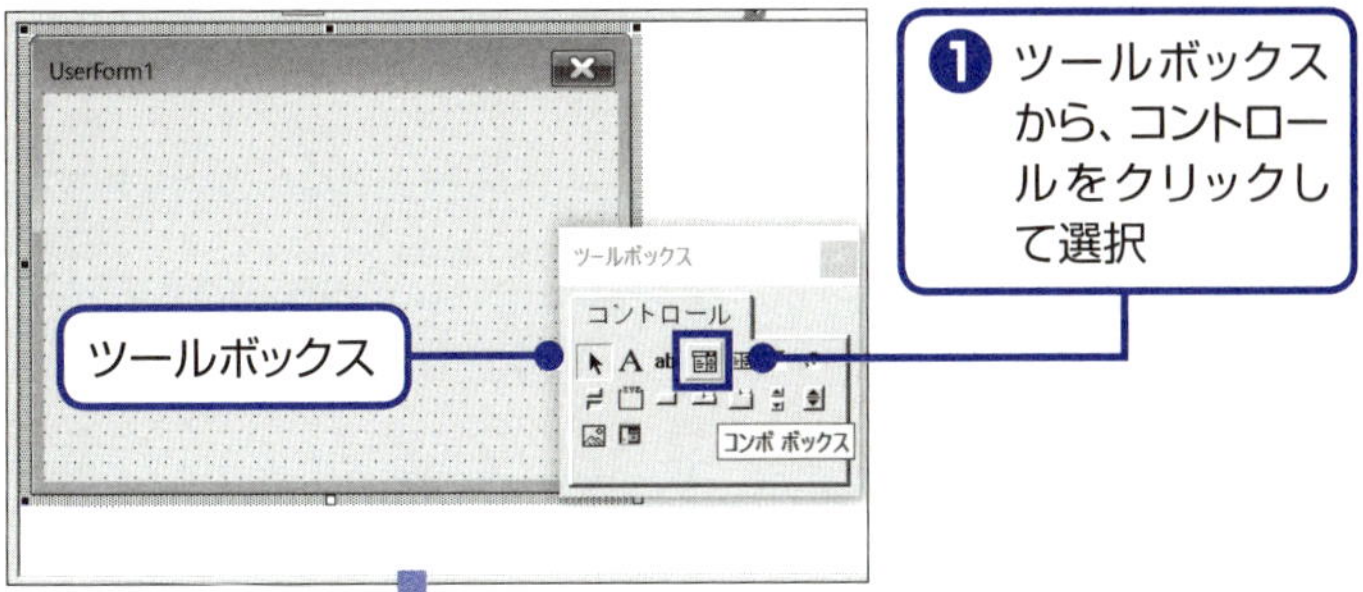

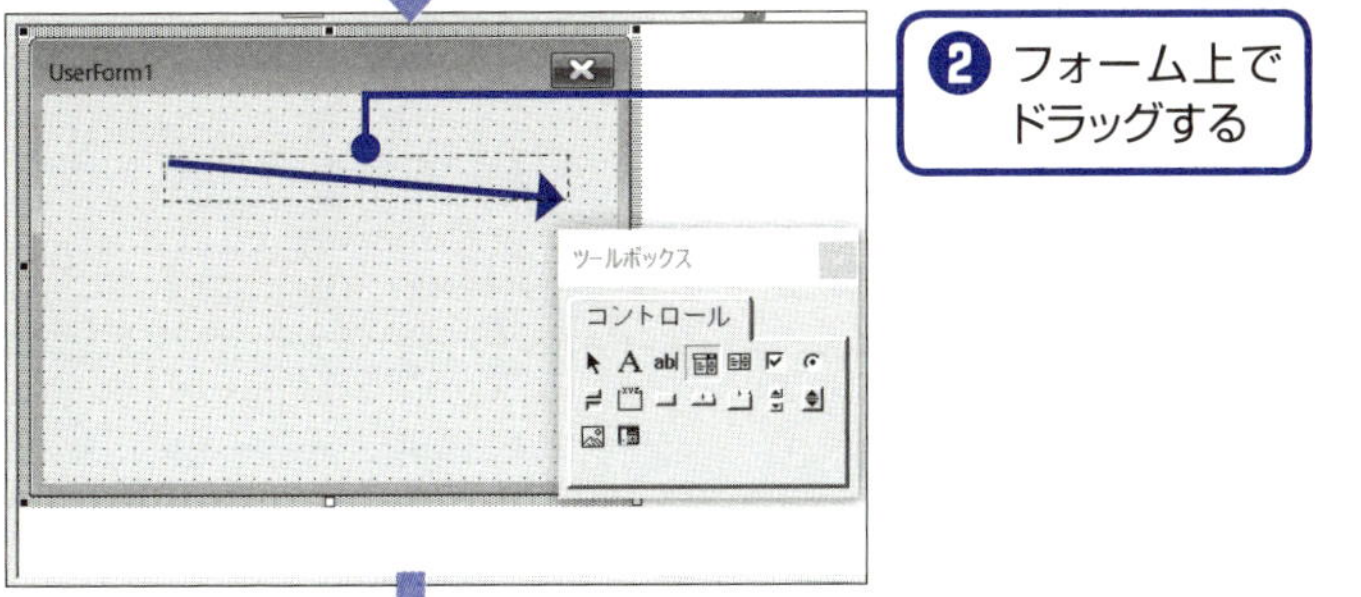

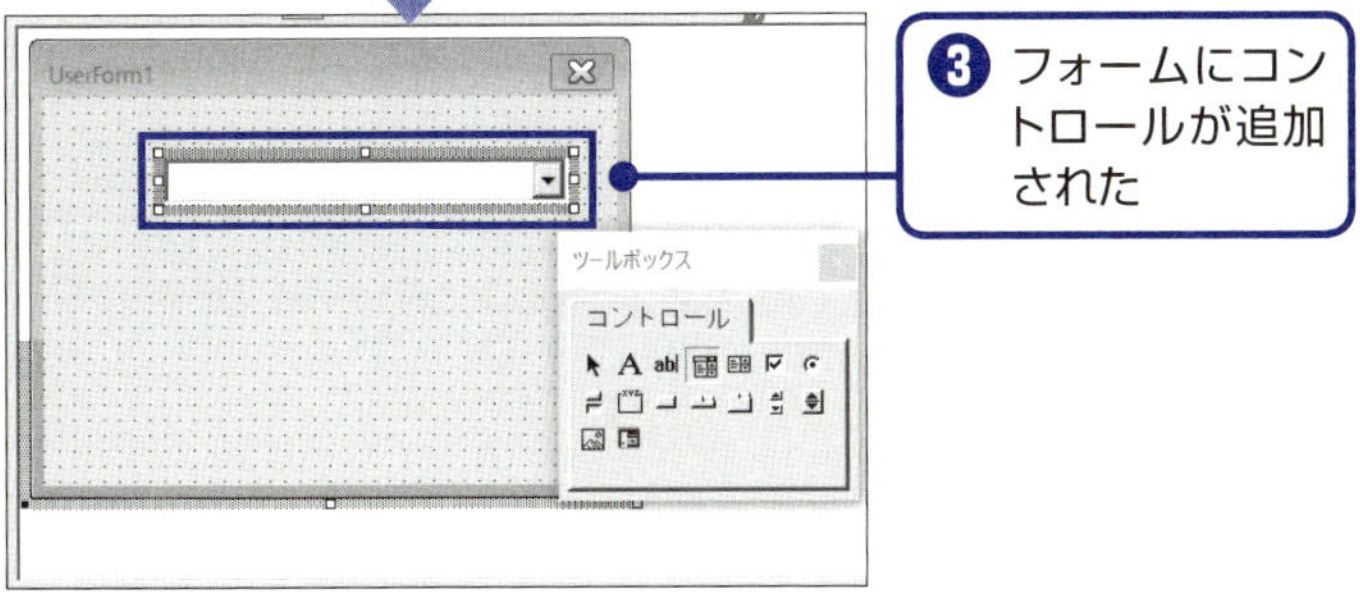

SECTION 26

フォームを動かすプログラムの3つの約束事

3ステップでユーザーフォームを動かそう

ユーザーフォームのデザインが決まっても、このフォームを利用するためのプログラムがまだできていない。**フォームを使ったプログラムには、少なくとも3つの命令が必要となる。**まずはその全体像をおおまかに理解しよう。

1つ目はフォームを表示させるための命令。ユーザーフォームは自動で表示されるわけではないので、標準モジュールの中にフォームを表示させる命令を書く必要がある。

2つ目は、フォームからデータを取得して、何らかの処理を行う命令。たとえばフォームに入力された文字列をセルに反映するといった処理は、この段階で行う。

そして**3つ目がフォームを閉じるための命令**だ。2つ目の命令が終わっても、この命令がなければフォームは表示されたままとなる。フォームが表示されたままだとシートが操作できなくなってしまうので、ひととおりの処理が終わったら、フォームを閉じる命令を書いておかないといけないのだ。

＋α

フォームを使うプログラムの全体像

Step 1

ユーザーフォームを表示する命令

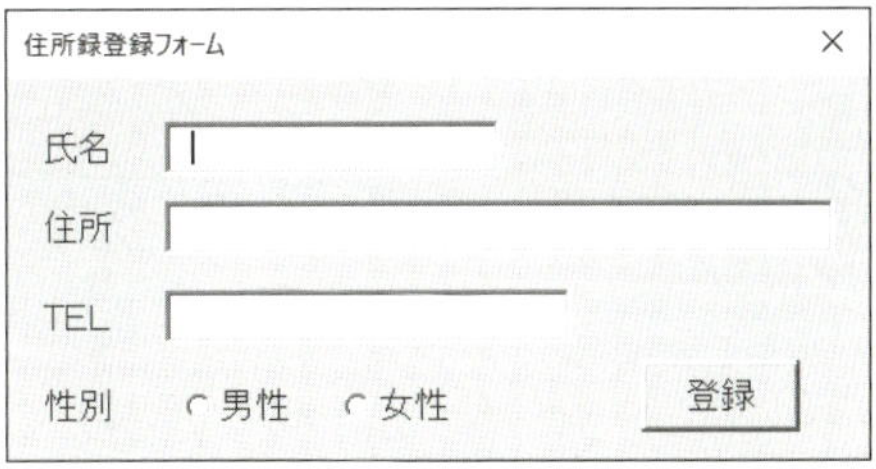

Step 2

ユーザーフォームの情報をエクセルに反映する命令

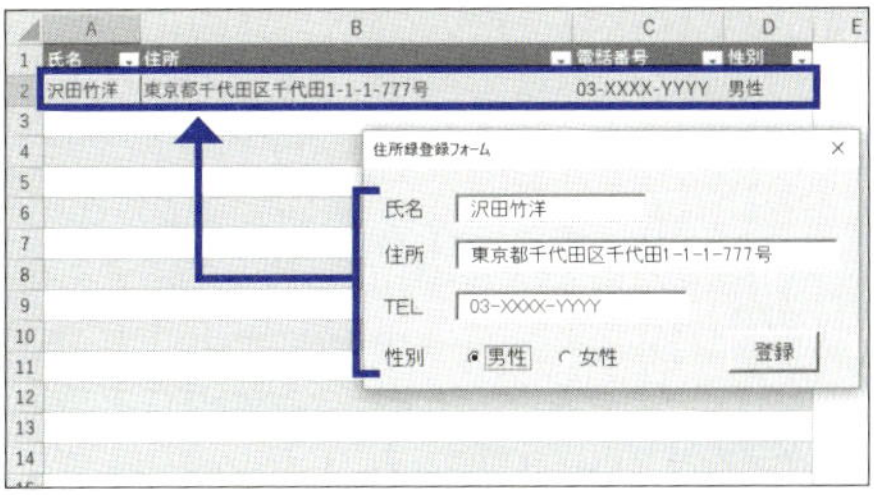

Step 3

ユーザーフォームを閉じる命令

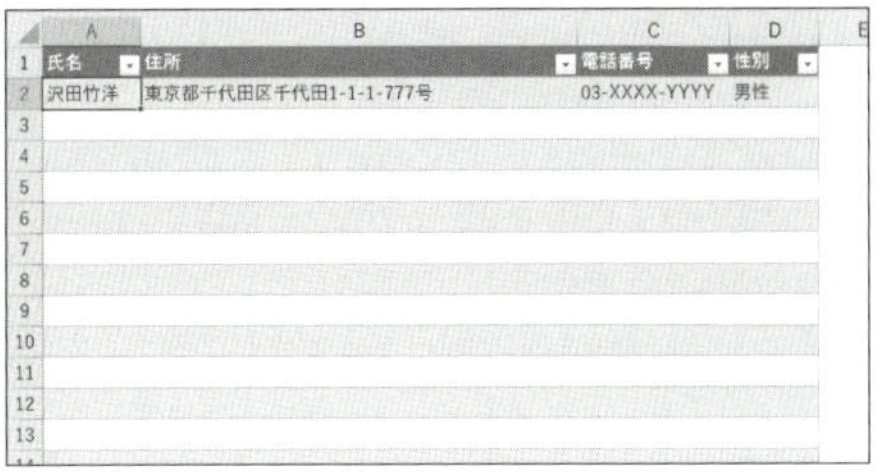

フォームの処理を始める〝トリガー〟を作ろう

フォームを使ったプログラムでは、もうひとつ覚えておきたいことがある。**「フォームからデータを取得して、何らかの処理を行う命令」をどのタイミングで実行するか**ということだ。フォームが表示された瞬間に命令を実行しても、利用者がフォームに入力することも、利用者が入力するデータを取得することもできない。

通常こうしたフォームを使う場面では、最後に「ＯＫ」や「実行」といったボタンをクリックすることで、指定した書式が反映されたり、メールが送信されたりといった処理が行われるはずだ。ＶＢＡのプログラムでも同じだ。**フォーム上の「実行」ボタンがクリックされたら、プログラムを実行するのがセオリーだ。**

このような**プログラムを実行するきっかけを〝トリガー〟と呼ぶ。**オブジェクトウィンドウで、フォームに配置したコントロールをダブルクリックすると、そのコントロールをクリックすると実行されるプロシージャーがＶＢＥ上に自動で作成される。あとはこのプロシージャーに、フォームからデータを取得して、シートやセルに反映するためのプログラムを書く。これで、コントロールがクリックされたときが、プログラムの〝トリガー〟となるのだ。

プログラムのトリガーを作成する

❶ フォームのボタンコントロールをダブルクリックする

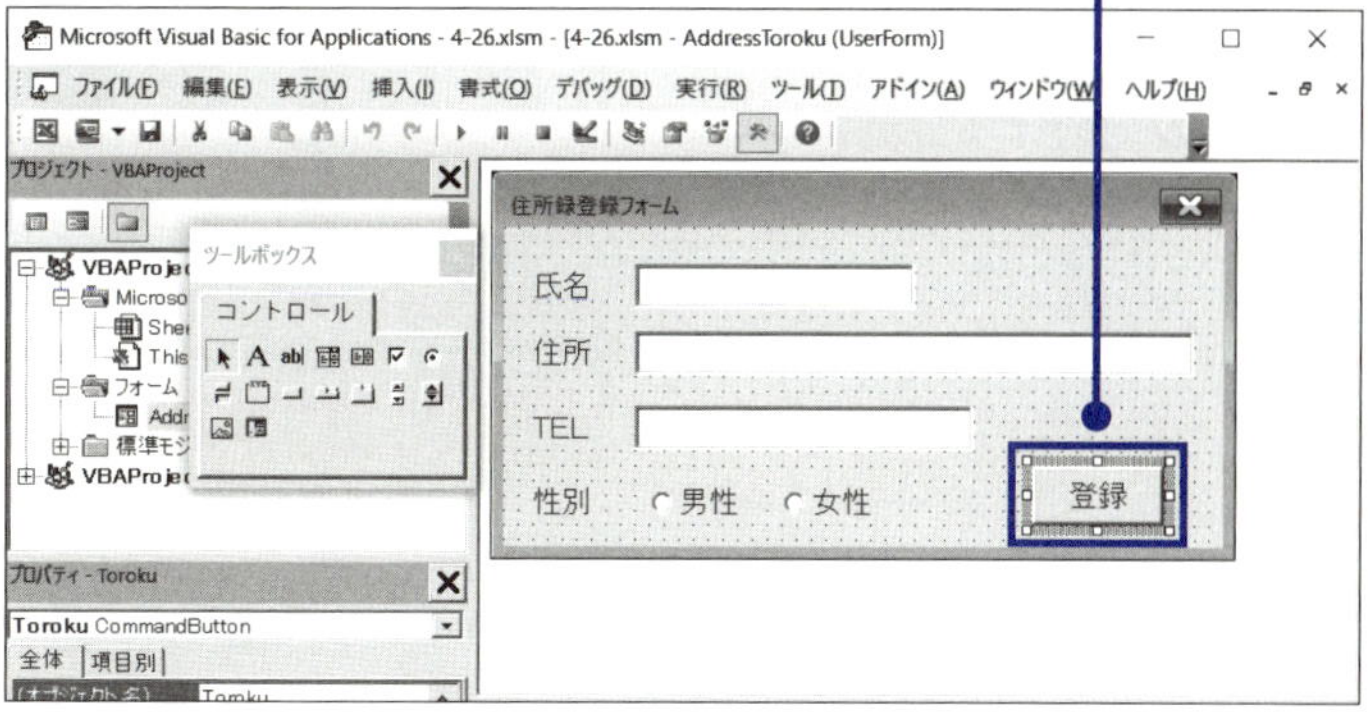

❷ コードウィンドウに切り替わり、ボタンをクリックしたときに実行されるプロシージャーが作成される

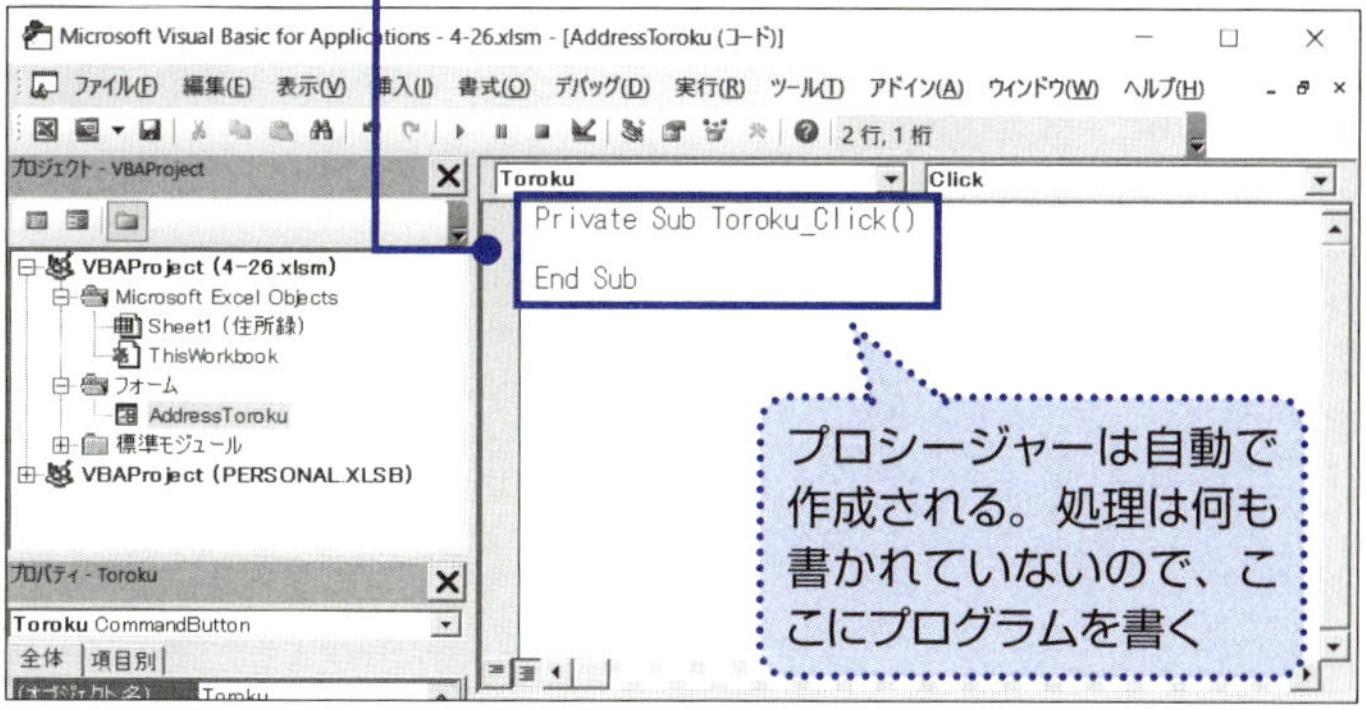

SECTION 27

+α

ユーザーフォームを使って請求書を自動で作成しよう

請求書のデータを自動入力しよう

4章ではユーザーフォームを使って、請求書を作成するプログラムを作ってみよう。作成するプログラムの仕様を解説しよう。ブックには、「請求書」「取扱商品」「取引先」「販売履歴」という4つのシートを用意する。

プログラムを実行すると、フォームが表示され、コンボボックスから企業名を選択することができる。「請求書を作成！」ボタンがクリックされると、フォームで選択した企業の住所などのデータが「取引先」シートから取得される。また、「販売履歴」シートからその企業との取り引きに関する、注文日と商品コード、数量が自動で取得される。加えて「取扱商品」シートから商品名、価格が取得され、これら取得されたデータを「請求書」シートに入力し、請求書が自動作成されるというプログラムだ。

ユーザーフォームの扱い方はもちろん、これまで学んできた条件分岐や繰り返しのテクニックもフル動員する、本書の総仕上げとなる内容だ。

プログラムを動かしてみる

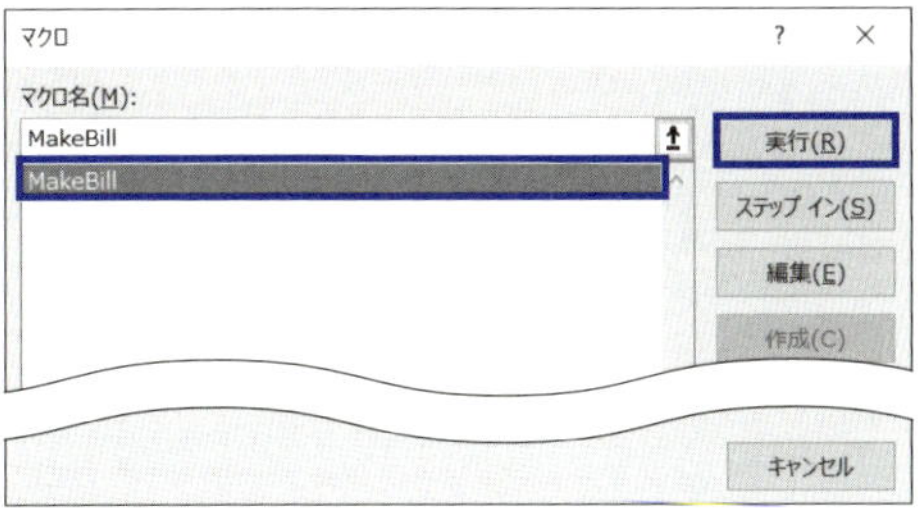

❶ プログラムを実行する

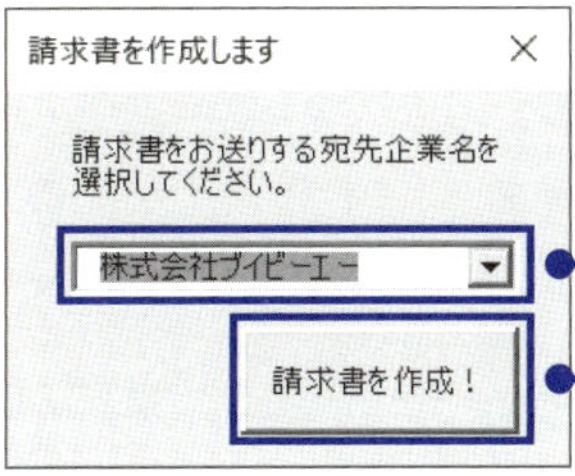

❷ コンボボックスで企業名を選択し、「請求書を作成！」ボタンをクリック

❸ 請求書にデータが自動入力される

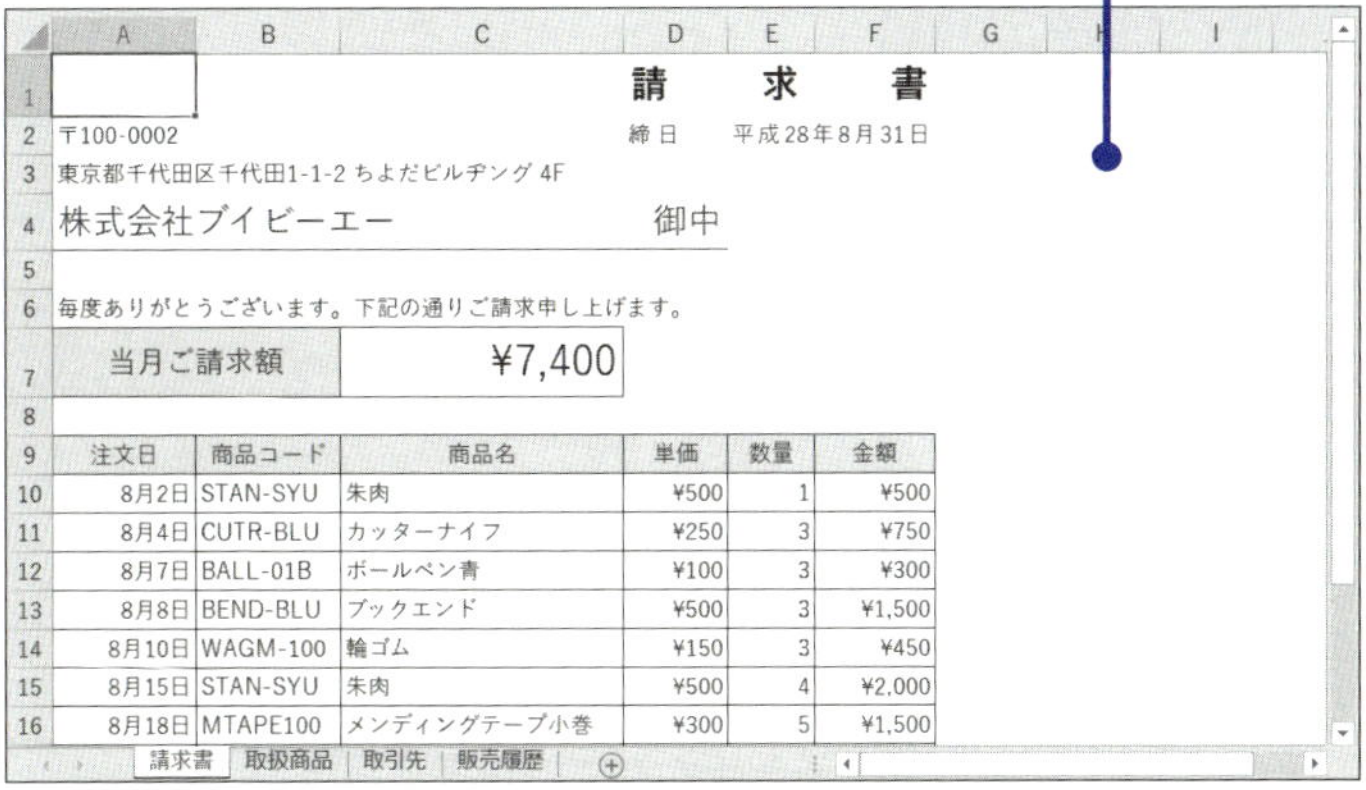

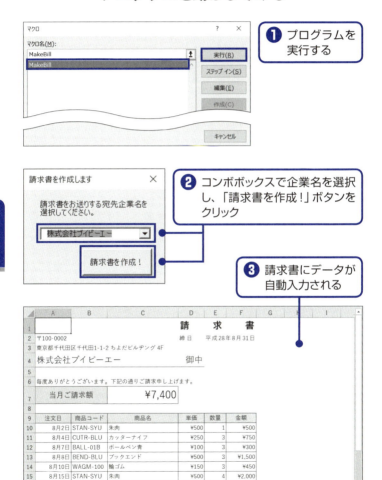

プログラムの中ではどんなことをしている?

プログラムの中ではどのような処理をして、請求書を作っているのだろうか。その全体像をここでは解説する。

今回のサンプルプログラムは、フォームを表示するまでのプログラムと、フォームのボタンをクリックすると実行するプログラムの2構成となる。1つ目のプログラムでは、請求書のデータをいったん消去したあと、「取引先」シートのデータを取得して、フォームのコンボボックスに企業名をすべて収める。ここまでの処理を終えると、フォームを表示して1つ目のプログラムは終了する。

2つ目のプログラムでは、コンボボックスで選択された企業名を読み取り、「請求書」シートの宛名欄に反映する。さらに、「販売履歴」シートのデータを1行ずつ読み取って、企業名が同じ場合に、該当する企業の注文日と商品コード、数量を「請求書」シートに入力していく。この処理を「販売履歴」シートの全データ分繰り返したら、請求書の完成だ。最後に、フォームを非表示にする命令を出して、プログラムの終了となる。

プログラムの全体像

Step 1

「取引先」シートの企業名を、フォームのコンボボックスに追加する

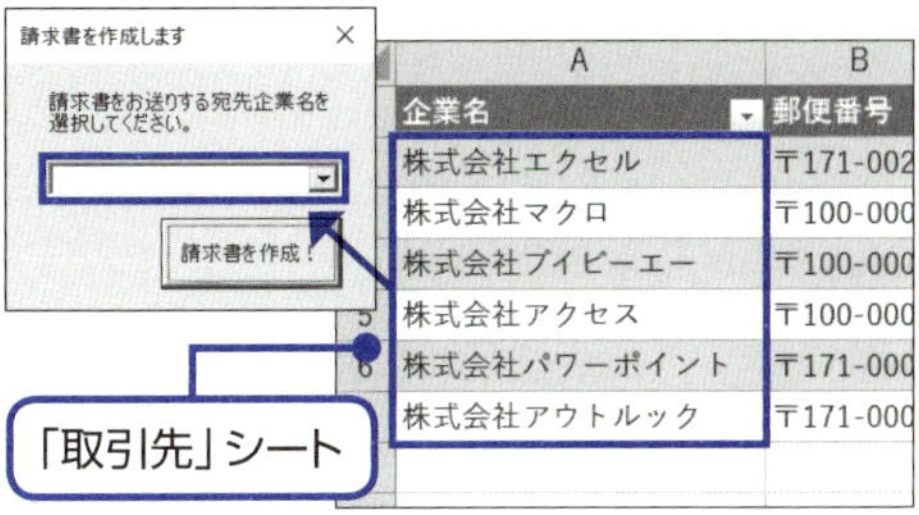

Step 2

フォームのボタンをクリックすると、コンボボックスで選択した企業名を、請求書の宛名欄に入力する

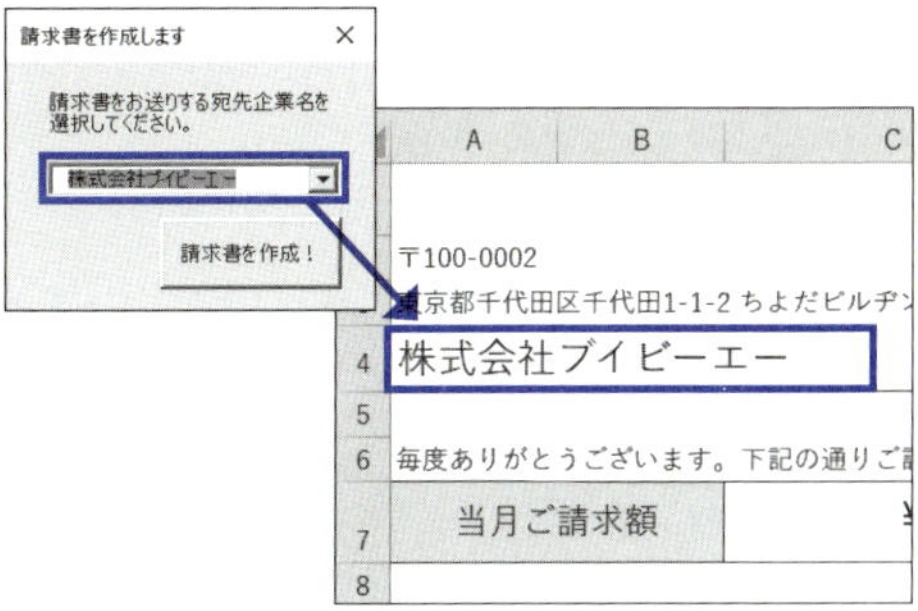

Step 3

「販売履歴」シートのデータを1行ずつ読み取り、企業名が同じ場合に、「請求書」シートにデータを入力していく

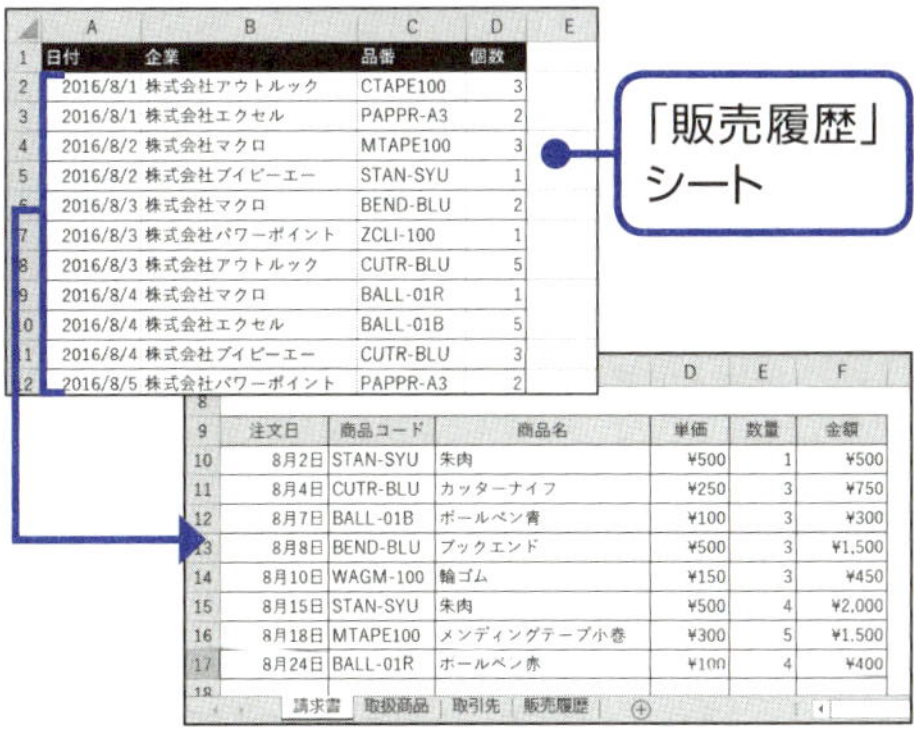

標準モジュールのプログラム

```
Option Explicit

Sub MakeBill()
    Sheets("請求書").Activate
    Range("A4,A10:B20,E10:E20").ClearContents

    Dim companies As Range
    Set companies = Sheets("取引先").Range("A2:A100")

    Dim i As Integer
    For i = 1 To companies.Count
        Dim name As String
        name = companies(i).Value
        If name <> "" Then
            UserForm1.ComboBox1.AddItem (name)
        End If
    Next i

    UserForm1.Show
End Sub
```

ユーザーフォームのプログラム

```
Option Explicit

Private Sub CommandButton1_Click()
    Dim company As String
    company = ComboBox1.Value
    Range("A4").Value = company

    Dim sales As Range, bill As Range
    Set sales = Sheets("販売履歴").Range("A1:D200")
    Set bill = Range("A10:F20")

    Dim i As Integer, j As Integer
    j = 1
    For i = 1 To sales.Rows.Count
        If sales(i, 2) = company Then
            bill(j, 1).Value = sales(i, 1).Value
            bill(j, 2).Value = sales(i, 3).Value
            bill(j, 5).Value = sales(i, 4).Value
            j = j + 1
        End If
    Next i

    ComboBox1.Clear
    UserForm1.Hide
End Sub
```

SECTION 28

+α

請求書シートの不要なデータを削除しよう

入力済みのデータを必ず最初に削除する

標準モジュール側のプロシージャーから作っていこう。プログラムの目的は「請求書」を作成することだ。まずは「請求書」シートを表示させよう。シートを表示させるには、ワークシートオブジェクトにドット（.）を付けて、「Activate」と書く。そしてワークシートオブジェクトを取得するには、Sheetsにカッコを付けて、その中にダブルコーテーションで囲んだ文字列でシート名を書く。今回の場合、「Sheets("請求書").Activate」となる。「請求書」シートを表示したら次は、古いデータの混在を防ぐため、入力済みデータを削除しよう。この命令はRangeオブジェクトにドットを付けて、「ClearContents」と書くことで実行できる。データは「請求書」シートのさまざまなセルに入力されているので、Rangeの次のカッコに書くセル番地はカンマ（,）を使って、複数の離れたセルを指定する。「Range("A4,A10:B20,E10:E20")」のように指定すればよい。「請求書」を作成する準備段階として、「請求書」シートの表示と「請求書」シートに入力済みデータの削除を行っておこう。

本項で解説するコード

```
Option Explicit

Sub MakeBill()
    Sheets("請求書").Activate
    Range("A4,A10:B20,E10:E20").ClearContents
```

指定のシートを表示する構文

構文

```
Sheets("シートの名前").Activate
```

「シートの名前」で指定したシートを表示する。「シートの名前」が存在しない場合はエラーとなる

例文：Sheets("請求書").Activate

セルのデータを削除する構文

構文

```
Range("セル参照").ClearContents
```

「セル参照」に指定したセルのデータを削除する。セルの書式はそのまま維持される

例文：Range("A4,A10:B20,E10:E20").ClearContents

SECTION 29

+α

ユーザーフォームでコンボボックスを使ってみよう

コンボボックスに担当者名を追加するしくみ

今回のサンプルプログラムでは、コンボボックスで請求書の宛先を選ばせている。だが、宛先の一覧は最初から利用できるわけではない。**プログラムでコンボボックスにひとつひとつ宛先の文字列を追加する必要があるのだ。**ここでは、どのようなしくみでコンボボックスに宛先の一覧を追加しているのか見ていこう。

まず、宛先の一覧を所定のセルに入力しておく。今回の場合は「取引先」シートのA列がそれだ。このシートのA2以降のセルをRangeオブジェクトとして取得し、ひとつずつセルの値を取り出して、コンボボックスに加えていくわけだ。

このセルの値をひとつずつ取り出すときに使うのが、繰り返しの命令を実行するためのForだ。Rangeオブジェクト内のセルをひとつずつ扱うときの必須テクニックなので、ぜひマスターしておこう。

本項で解説するコード

```
06
07  Dim companies As Range
08  Set companies = Sheets("取引先").Range("A2:A100")
09
10  Dim i As Integer
11  For i = 1 To companies.Count
12      Dim name As String
13      name = companies(i, 1).Value
14      If name <> "" Then
15          UserForm1.ComboBox1.AddItem (name)
16      End If
17  Next i
```

「取引先」シートのA2以降のセルが宛先のデータ

「繰り返し」を使ってフォームのコンボボックスに宛先を追加する

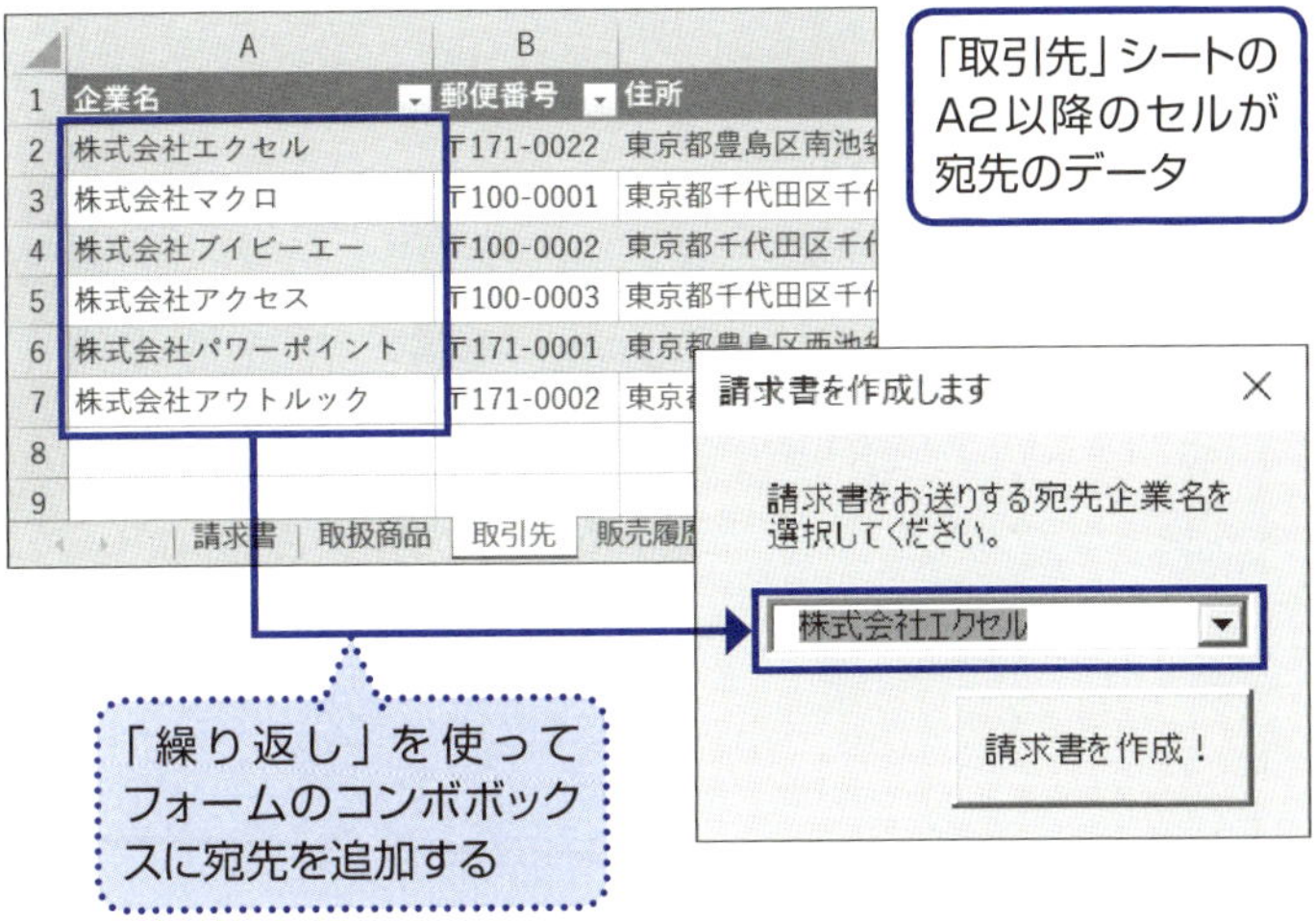

Rangeオブジェクトの集まりをひとつずつ扱おう

おおまかなイメージをつかんだところで、ソースコード（134ページ参照）を見ていこう。7、8行目では、Rangeオブジェクトのcompanies変数を宣言し、「取引先」シートのセルA2：A100を代入している。Rangeの前にSheetsキーワードを追加することで、表示していないほかのシートのセルを取得できる。変数にA列の100行目まで代入しているのは、あとで取引先が増えても、プログラムを修正することなく対応できるようにするためだ。企業名がセルA2〜A7までしか入力されていないからといって、セル範囲をA2：A7にすると、今後セルA8以降に追加された場合、取得もれのデータが発生してしまう。

ソースコードの10行目では繰り返し用の変数iを宣言し、11行目のForから繰り返しの命令がスタートする。ここで注目すべきは、Forの最終値として指定されている「companies.Count」という命令だ。companiesのようなRangeオブジェクトにドットを付けて、「Count」と書くと、セルの数を求めることができる。この場合はセルA2からA100までのセルの数なので、99という数値になる。結果として、繰り返しの回数は、変数iが1から始まり99になるまでの、99回となる。

ほかのシートのセルを取得する

構文

```
Sheets("シート名").Range("セル参照")
```

「シート名」のシートから「セル参照」のセルをRangeオブジェクトとして取得する

例文： Sheets("請求書").Range("A2:A100")

セルの個数を数える

構文

```
Rangeオブジェクト.Count
```

Rangeオブジェクトの中に含まれているセルの個数を数える

例文： companies.Count

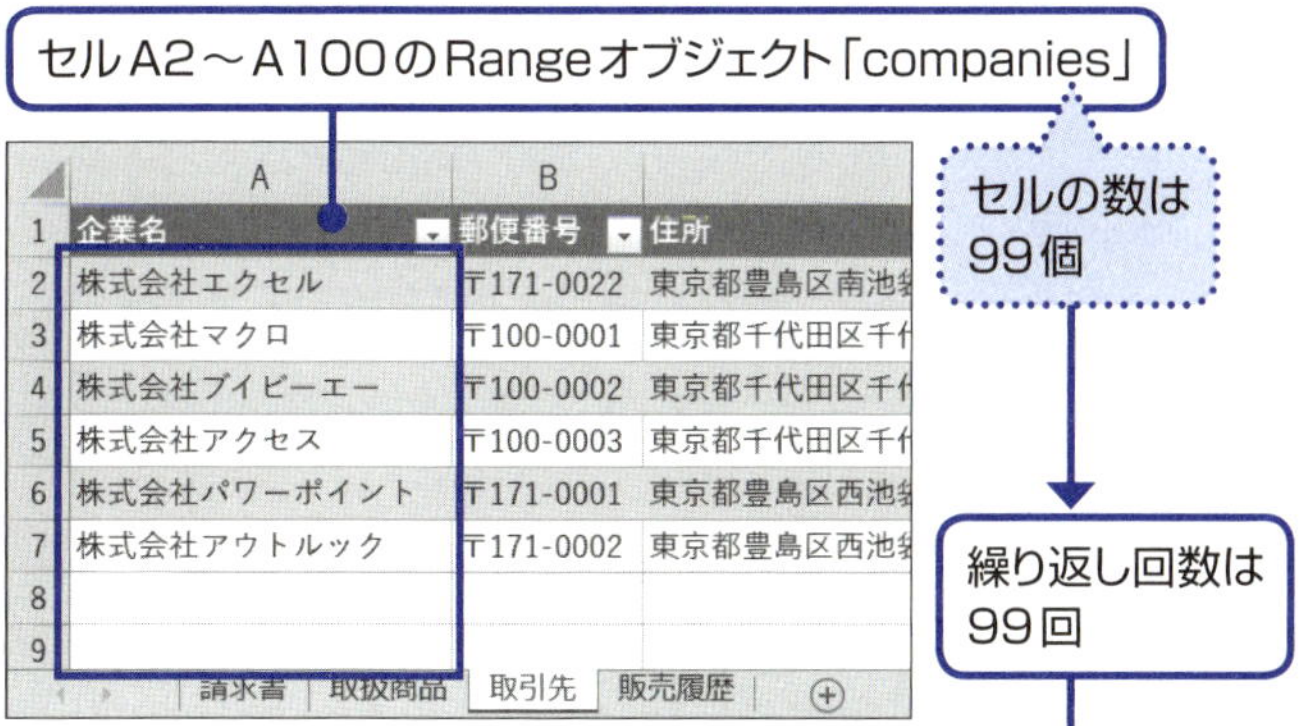


```
For i = 1 To companies.Count
    Dim name As String
    ...
```

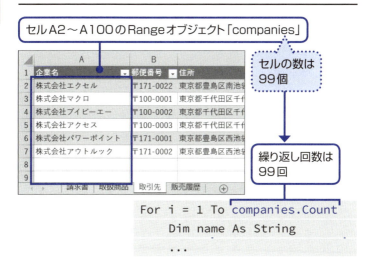

コンボボックスに宛先を追加しよう

次に繰り返しの処理部分を見ていこう。12行目では文字列型の変数「name」を宣言している。変数「companies」からひとつずつセルを取り出して、その値を13行目で変数nameに代入している。

companiesは、セルA2からセルA100までの範囲を持つRangeオブジェクトのため、ひとつずつセルの値を取り出すのにひと工夫必要だ。13行目に「companies(i)」とあるが、iはもちろん繰り返し処理のための変数だ。変数iは1から99まで変化する。つまり「companies(i)」は「companies(1)」から「companies(99)」まで変化することになる。「companies(1)」は何かというと、セルA2からセルA100までの範囲の1番目という意味だ。つまりセルA2となる。「companies(99)」は99番目のセルということでセルA100だ。ということで、「companies(i).Value」と書くことで、セルA2からセルA100までの値をひとつずつ取り出すことができるのだ。

次の行のIf~Thenの条件分岐では、変数nameが空でないか検証する。条件式には、左辺と右辺が等しくないときに条件が満たされる「<>」演算子を使い、左辺に変数name、右辺に空の文字列を表す「""」を置く。空の文字列がコンボボックスに追加されても意味がないので、変数nameが空の文字でない場合だけ次行の命令を実行させている。
　そして15行目がコンボボックスに宛先を追加する命令だ。コンボボックスはフォームオブジェクトに付随するため、「UserForm1.ComboBox1」と書く。フォームモジュールにＶＢＡを書く場合、「UserForm1.」の部分は必要ないが、このプログラムは標準モジュールに書いているので、「UserForm1.ComboBox1」とする必要があるのだ。そして、このコンボボックスオブジェクトにドット（.）を付けて、「AddItem」と書く。カッコの中に文字列（変数name、つまり企業名）を指定すると、その文字列がコンボボックスに追加される。

構文

UserForm1.ComboBox1.AddItem (文字列)

UserForm1とComboBox1はモジュールとコントロール作成時に自動で付けられる名前。目的のオブジェクトの名前は、プロパティウィンドウで確認できる。コンボボックスオブジェクトにドットをつなげ、AddItemという命令を書くことで、コンボボックスに「文字列」を追加できる

例文：UserForm1.ComboBox1.AddItem (name)

SECTION 30

フォームのボタンをクリックしてプログラムが動くようにしよう

+α

ユーザーフォーム側のプログラムのしくみ

143ページまでで標準モジュールはほぼ完成だ。最後にユーザーフォームを表示する命令「UserForm1.Show」を書いて、プログラムを実行してみよう。ユーザーフォームが表示されるはずだ。

今度はこのユーザーフォーム側のプログラムを作っていく。「請求書を作成！」ボタンのクリックしたら、指定した宛先の請求書が作成されるようにしたい。128ページを参考に、ユーザーフォームのオブジェクトウィンドウ上で「請求書を作成！」ボタンをダブルクリックしてプロシージャーを作成しよう。プロシージャーには大きく分けると2つの処理を作る。

1つ目は、コンボボックスで選択した企業名を、請求書シートの宛先欄に反映する。これはかんたんだ。大変なのは、販売履歴のデータを請求書に反映する2つ目の処理。販売履歴の注文主と、コンボボックスで選択した企業名を比較して、同じ場合にのみ請求書シートに反映しなければならない。この処理をForとIfを使って書いてみよう。

ユーザーフォームを表示する

構文

```
UserForm1.Show
```

ユーザーフォームを表示する。標準モジュール内のプロシージャーに書いて用いる。UserForm1はモジュール作成時に自動で付けられる名前

フォーム側の2つのプログラム

1つ目の命令
請求書に宛先を入力

2つ目の命令
請求書に販売履歴を入力

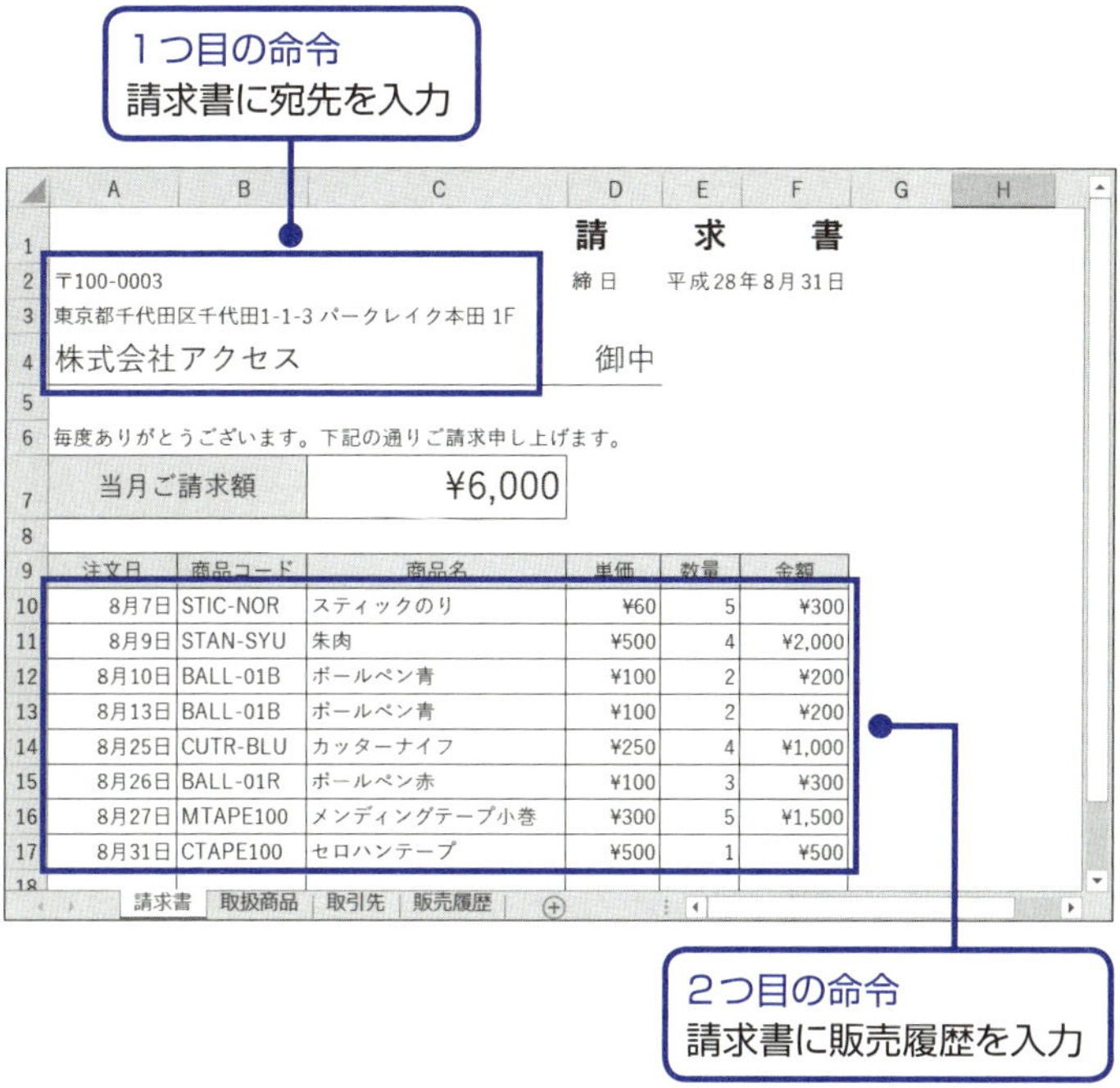

プログラムで宛先を入力しよう

まずは「請求書」シートのセルＡ４の宛先欄に、コンボボックスで選択した企業名を挿入しよう。郵便番号と住所は、宛先をもとに「取引先」シートからVLOOKUP関数で取得しているので、プログラムを書く必要はない。

プログラムの４行目では、企業名を扱う文字列型の変数「company」を宣言し、５行目で、フォーム上のコンボボックスで選択された値を変数companyに代入する。コンボボックスで選択中の値は、コンボボックスオブジェクトにドットを付けて、「Value」を書くことで取得できる。標準モジュールのコードと違い、「ComboBox1」の前に「UserForm1.」と書く必要はない。このプログラムを書いているのがUserForm1のモジュール内のため、モジュール名を省略できるからだ。

変数にセルの値を代入するときは、「＝」の左辺に変数を、右辺にRangeオブジェクトにドットと「Value」を付けた命令を書けばよかった。これを逆にし、左辺にRangeオブジェクト、右辺に変数とすれば、セルに変数の値を入力することができる。６行目では、企業名が代入された変数companyを右辺に、宛先を入力すべきセルＡ４のRangeオブジェクトを左辺にして、宛先欄のセルに企業名を入力している。

本項で解説するコード

```
Option Explicit

Private Sub CommandButton1_Click()
    Dim company As String
    company = ComboBox1.Value
    Range("A4").Value = company
```

コンボボックスの値を取得する構文

構文

```
ComboBox1.Value
```

コンボボックスで選択した値を文字列として取得する。コンボボックスで何も選択していないときは、文字列は空となる。ComboBox1はコンボボックスコントロール作成時に自動で付けられる名前

セルに変数の値を反映する構文

構文

```
Rangeオブジェクト.Value = 変数
```

等号記号「=」の左辺にRangeオブジェクトの値を取得する命令、右辺に変数を置くと、セルの値を変数の内容に変更できる

例文： Range("A4").Value = company

SECTION 31

明細表に購入履歴のデータを書き込もう

+α

2つの表をオブジェクト変数に代入しよう

本項では、販売履歴の表から取得したデータを、請求書の明細票に書き込む方法を解説する。片方の表からもう片方の表へ書き込むテクニックは、請求書に限らずさまざまなシチュエーションで使う。ぜひ身に付けておこう。

2つの表を扱うために、まずは販売履歴の表と請求書の明細表をObject型の変数に代入して扱えるようにしておこう。8行目ではsalesとbillという2つのRange型変数を宣言している。**1つ目の変数宣言のあとに「,」を入力すると、1行で複数の変数を宣言できる。**9行目では「販売履歴」シートの表を変数「sales」に代入。このとき200行分のセルを代入しているのは、別の月に注文量が増えても、200件までならプログラムを修正せずに対応できるようにするため。売上の件数がもっと増えそうなら、行数をもっと増やせばよい。10行目では、請求書の明細表を変数「bill」に代入している。

本項で解説するコード

```
Dim sales As Range, bill As Range
Set sales = Sheets("販売履歴").Range("A2:D200")
Set bill = Range("A10:F20")
```

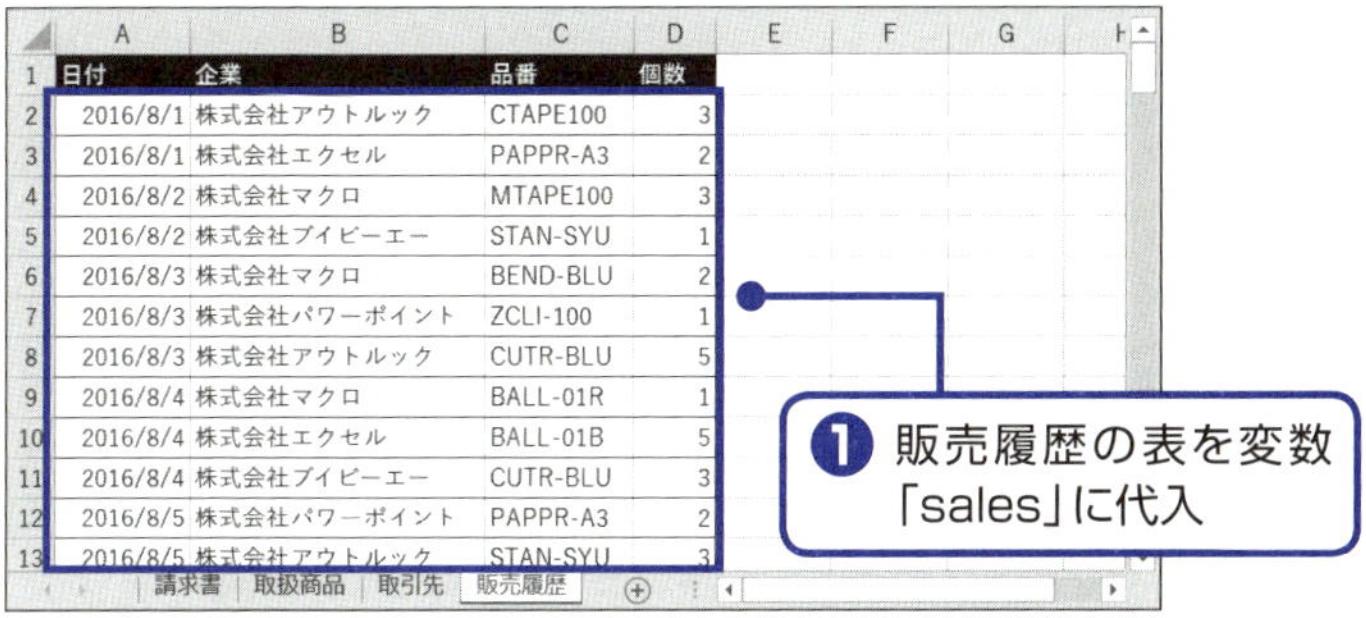

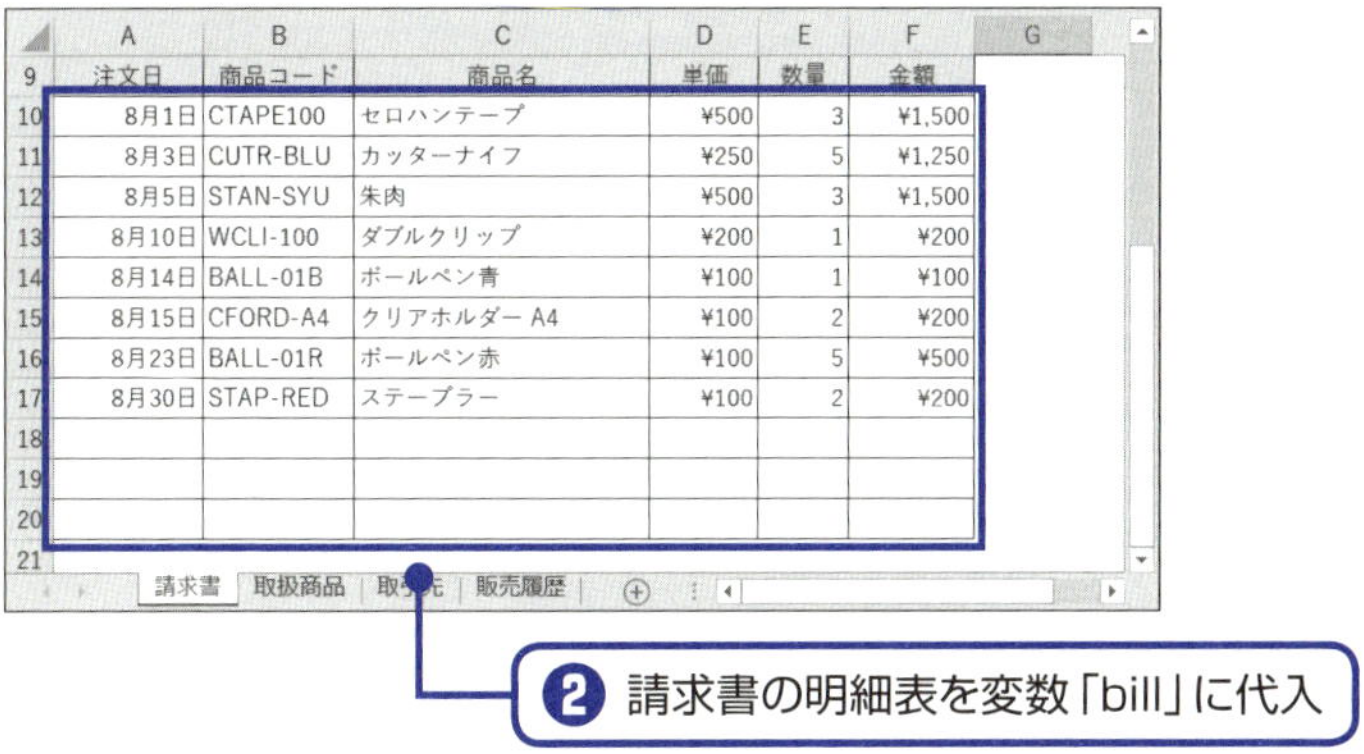

販売履歴の表を1行ずつ確認・処理しよう

ここからの処理は複雑なので、少しずつ段階を踏んで解説していく。最初に、販売履歴シートの企業名とコンボボックスで選択した企業名（変数「company」）が同じ場合に、販売履歴シートの企業名を出力するまでを作成しよう。

「販売履歴を1行ずつチェック」する処理は、コンボボックスに企業名を追加した方法と同じで、繰り返しのしくみを利用する。12行目では、Forで使うための変数iを宣言している。13行目のForから、繰り返し処理の開始だ。変数iの最大値は、「sales.Rows.Count」という命令で取得した変数sales（セルA1〜D200の範囲のRangeオブジェクト）の行数を指定する。これで、変数iが1から始まり、200になるまで処理が繰り返される。

Forの命令部分では、If〜Thenを使って販売履歴の企業名と変数companyが同じかをチェックしている。販売履歴の企業名は、変数salesの2列目に位置するので、カッコを付けて行番号に変数i、列番号に2を指定することで取得できる。これを「＝」の左辺に、変数「company」を右辺にすれば条件式の完成だ。Debug.Printを使って、コンボボックスで選んだ企業名が出力されるかどうかを確かめてみよう。

本項で解説するコード

```

Dim i As Integer
For i = 1 To sales.Rows.Count
    If sales(i, 2).Value = company Then
        Debug.Print (sales(i, 2))
    End If
Next i
```

ここまでのプログラムを実行する

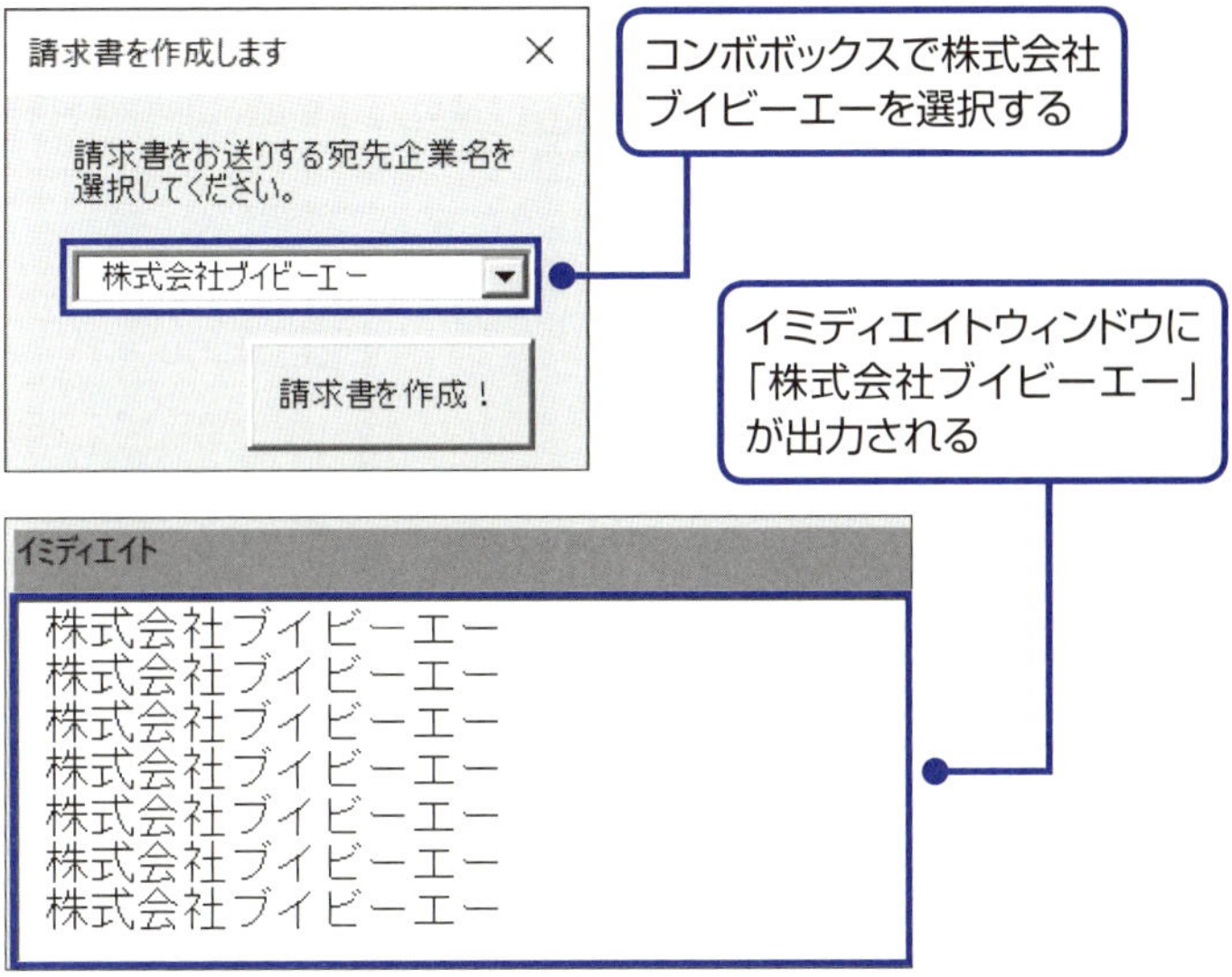

明細票に1行だけデータを書き込もう

販売履歴の表を1行ずつチェックするForと、販売履歴の企業名とコンボボックスで選択した企業名が同じかをチェックするIfの準備はできた。次に、Ifの条件が満たされたときに実行する〝請求書の明細表にデータを入力する〟処理を作成しよう。

明細票に入力したい情報は、注文日と商品コード、そして数量の3つだ。商品名と金額はVLOOKUP関数を使って自動入力しているのでプログラムは必要ない。

販売履歴から取得する注文日、商品コード、数量はRangeオブジェクト変数Salesから取り出す。複数のセルを扱うRangeオブジェクトにカッコを付け、その中で行番号と列番号を指定すれば特定のセルを指定することができる。**「sales(i, 1).Value」と、salesの行番号に変数iを指定するのがポイントだ。**これで条件が満たされた行の注文日のデータが取得できた。商品名と数量も同様の処理になる。

入力するセルは変数billが扱っている。これも同様の処理でセルを指定できる。これで条件が満たされた行のデータだけを、明細票に書き込めるようになる。ただし、いまのところ、変数billの行番号を指定するのが難しい。そのためここでは、とりあえずは行番号は「1」を指定しておくこととする。

本項で解説するコード

「注文日」を書き込む

「商品コード」を書き込む

```
For i = 1 To sales.Rows.Count
    If sales(i, 2).Value = company Then
        ' Debug.Print (sales(i, 2))
        bill(1, 1).Value = sales(i, 1).Value
        bill(1, 2).Value = sales(i, 3).Value
        bill(1, 5).Value = sales(i, 4).Value
    End If
Next i
```

「数量」を書き込む

ここまでのプログラムを実行する

コンボボックスで株式会社ブイビーエーを選択する

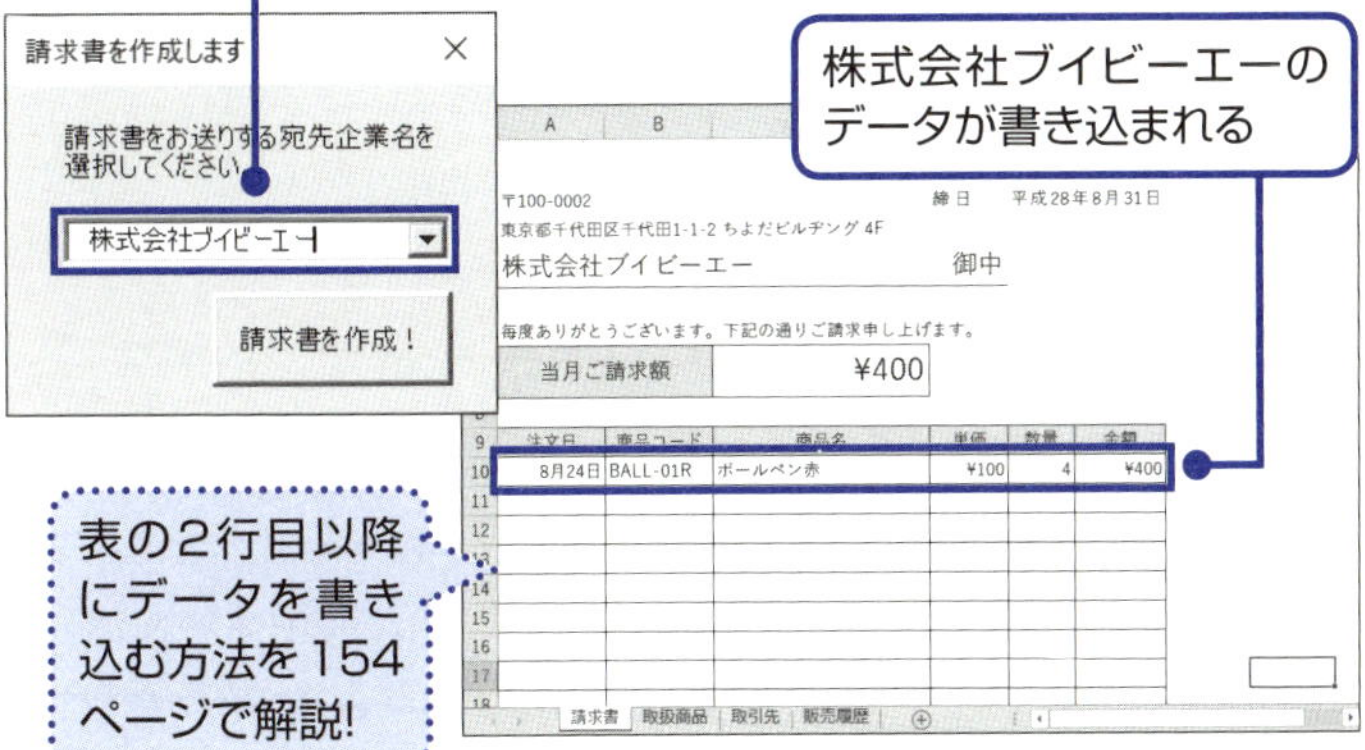

株式会社ブイビーエーのデータが書き込まれる

表の2行目以降にデータを書き込む方法を154ページで解説!

明細表にすべてのデータを書き込もう

明細表にデータを書き込むことはできた。だが、変数billの行番号を「1」に指定しているため、複数の該当データがあってもすべて明細表の1行目に書き込まれてしまう。ここでは、サンプルプログラムの総仕上げとして、明細表に1行ずつデータを入力する方法を考えてみよう。

変数billの行番号が「1」であることが原因なのだから、ここに変数を使って、書き込む行を変化させればよいわけだ。問題は変数に何を使うかだ。変数iを使いたいところだが、変数iは条件式が満たされた行番号になるので不適切だ。ではどうするのかというと、**billの行番号を指定するための変数「j」を作ろう**。変数iを宣言している行で、一緒に変数jを宣言し、次の行で変数jに1を代入する。そして明細票にデータを書き込む3つの命令を修正する。変数billの行番号を、「1」から「j」に書き換えよう。

このままでは結局のところ1行目にずっと書き込まれてしまうので、もうひと工夫必要だ。明細票にデータを書き込む3つの命令の下に、「j = j + 1」という命令を書く。これは現在の変数jの値に1を追加して、その値を変数jに代入するという意味だ。この1行を追加すると、販売履歴の注文主とコンボボックスで選択した企業名が同じで、かつ明細票にデータが書き込まれたときだけ、変数jの数値が1つ大きくなる。つまり、

1行目にデータが書き込まれると変数jは2となり、次回は2行目に書き込まれる。2行目にデータが書き込まれたときは、変数jは3となり、次回は3行目に書き込まれるというわけだ。

このように2つの変数を併用することで、きれいに1行ずつ書き込める。2つ目の変数jは、変数iと違って自動で数値が増えていかないので、1つ数値を増やすための命令を書くのがポイントだ。

```

Dim i As Integer, j As Integer
j = 1
For i = 1 To sales.Rows.Count
    If sales(i, 2).Value = company Then
        ' Debug.Print (sales(i, 2))
        bill(j, 1).Value = sales(i, 1).Value
        bill(j, 2).Value = sales(i, 3).Value
        bill(j, 5).Value = sales(i, 4).Value
        j = j + 1
    End If
Next i
```

変数jを宣言

変数jに1を加算する

行番号に変数jを指定

SECTION 32

+α

フォームを使ったプログラムを実際に動かしてみよう

フォームの後片付けをしよう

請求書を作成するプログラムは、155ページまでの説明でひととおり処理部分ができあがった。最後に、フォームの後片付けをする命令を追加しておこう。

まずは、コンボボックスに追加した企業名の一覧を削除する。この手続きを踏まないと、次にプログラムを起動したときに、企業名がコンボボックスに2つずつ追加されてしまい、非常に使いづらい。コンボボックスからテキストを削除する命令は、「ComboBox1.Clear」と書けばよい。Rangeオブジェクトからテキストを削除する命令と同じ「Clear」というキーワードを使う。そしてもうひとつ、ユーザーフォームを非表示にするための命令が必要だ。この命令は「UserForm1.Hide」と書くことで実行できる。

以上でサンプルプログラムは完成だ。最後にプログラムを起動して動作を確認してみよう。フォームで企業名を選択すると、自動で請求書が作成される。

本項で解説するコード

```

    ComboBox1.Clear
    UserForm1.Hide
End Sub
```

コンボボックスをリセットする構文

構文

```
ComboBox1.Clear
```

ComboBox1はコントロール作成時に自動で付けられる名前。目的のオブジェクトの名前は、プロパティウィンドウで確認できる。オブジェクト名にドットと「Clear」というキーワードをつなげることで、コンボボックスに追加されているテキストをすべて削除する

フォームを非表示にする構文

構文

```
UserForm1.Hide
```

UserForm1はモジュール作成時に自動で付けられる名前。目的のオブジェクトの名前は、プロパティウィンドウで確認できる。オブジェクト名にドットと「Hide」というキーワードをつなげることで、ユーザーフォームを非表示にする

プログラムを実行する

❶「開発」タブの「マクロ」をクリック(74ページ参照)

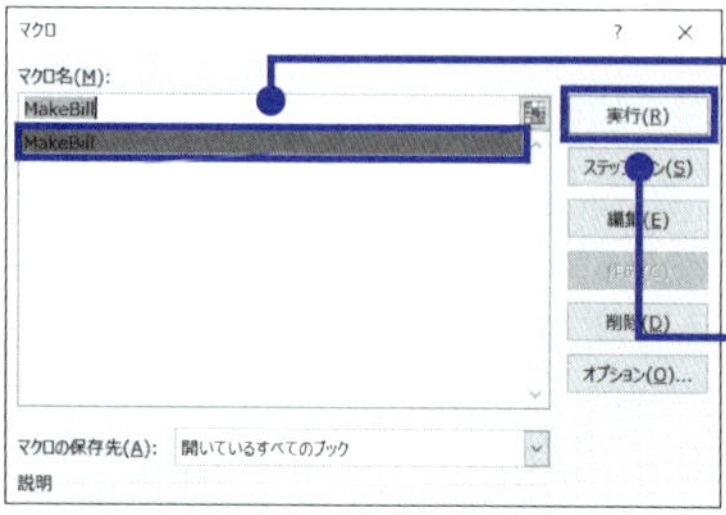

❷ 実行したいプログラムを選択

❸「実行」をクリック

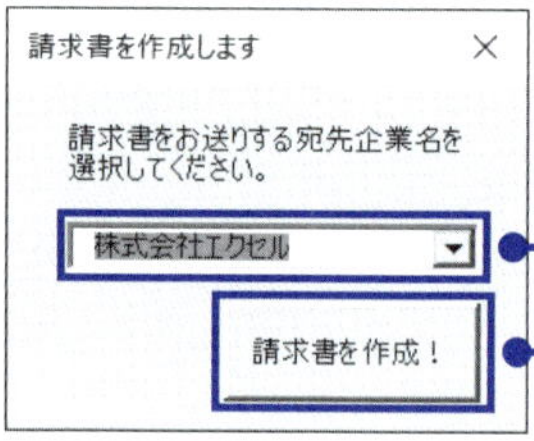

❹ 企業名を選択

❺「請求書を作成!」をクリック

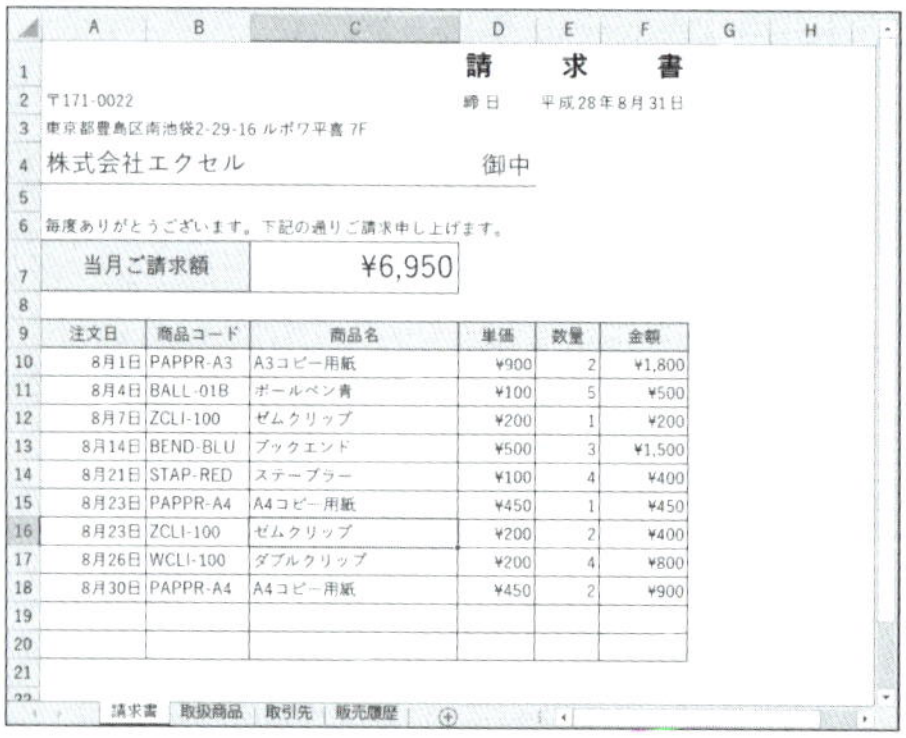

注文日	商品コード	商品名	単価	数量	金額
8月1日	PAPPR-A3	A3コピー用紙	¥900	2	¥1,800
8月4日	BALL-01B	ボールペン青	¥100	5	¥500
8月7日	ZCLI-100	ゼムクリップ	¥200	1	¥200
8月14日	BEND-BLU	ブックエンド	¥500	3	¥1,500
8月21日	STAP-RED	ステープラー	¥100	4	¥400
8月23日	PAPPR-A4	A4コピー用紙	¥450	1	¥450
8月23日	ZCLI-100	ゼムクリップ	¥200	2	¥400
8月26日	WCLI-100	ダブルクリップ	¥200	4	¥800
8月30日	PAPPR-A4	A4コピー用紙	¥450	2	¥900

❻ 請求書が作成される

索引

お問い合わせについて

本書に関するご質問については、本書に記載されている内容に関するもののみとさせていただきます。本書の内容と関係のないご質問につきましては、一切お答えできませんので、あらかじめご了承ください。また、電話でのご質問は受け付けておりませんので、必ずFAXか書面にて下記までお送りください。
なお、ご質問の際には、必ず以下の項目を明記していただきますようお願いいたします。

1 お名前
2 返信先の住所またはFAX番号
3 書名
  （スピードマスター
  1時間でわかる エクセル VBA
  プログラムのコードの意味がわかる!）
4 本書の該当ページ
5 ご使用のOSとソフトウェアのバージョン
6 ご質問内容

なお、お送りいただいたご質問には、できる限り迅速にお答えできるよう努力いたしておりますが、場合によってはお答えするまでに時間がかかることがあります。また、回答の期日をご指定なさっても、ご希望にお応えできるとは限りません。あらかじめご了承くださいますよう、お願いいたします。ご質問の際に記載いただきました個人情報は、回答後速やかに破棄させていただきます。

問い合わせ先

〒162-0846
東京都新宿区市谷左内町21-13
株式会社技術評論社　書籍編集部
「スピードマスター
1時間でわかる エクセル VBA
プログラムのコードの意味がわかる!」
質問係
FAX：03-3513-6167
URL：http://book.gihyo.jp

■ お問い合わせの例

FAX

1 **お名前**
技術　太郎
2 **返信先の住所またはFAX番号**
03-XXXX-XXXX
3 **書名**
スピードマスター
1時間でわかる エクセル VBA
プログラムのコードの意味がわかる!
4 **本書の該当ページ**
74ページ
5 **ご使用のOSとソフトウェアのバージョン**
Windows 10
Excel 2016
6 **ご質問内容**
手順③がクリックできない

スピードマスター
1時間（じかん）でわかる エクセル VBA（ブイビーエー）
プログラムのコードの意味（いみ）がわかる!

2017年2月10日　初版　第1刷発行

著　者●リブロワークス
発行者●片岡　巌
発行所●株式会社　技術評論社
　　　　東京都新宿区市谷左内町21-13
　　　　電話　03-3513-6150　販売促進部
　　　　　　　03-3513-6160　書籍編集部
編集●伊藤　鮎
装丁／本文デザイン●クオルデザイン　坂本真一郎
DTP●リブロワークス
製本／印刷●株式会社　加藤文明社

定価はカバーに表示してあります。

落丁・乱丁がございましたら、弊社販売促進部までお送りください。交換いたします。本書の一部または全部を著作権法の定める範囲を超え、無断で複写、複製、転載、テープ化、ファイルに落とすことを禁じます。

©2017　技術評論社

ISBN978-4-7741-8721-1 C3055
Printed in Japan